Dag Kroslid
Doris Ohnesorge
Johannes Pohl

5S – Arbeitsumgebung, Prozesse und Projekte optimieren

3. Auflage

HANSER

Bibliografische Information der Deutschen Nationalbibliothek

Die Deutsche Nationalbibliothek verzeichnet diese Publikation in der Deutschen Nationalbibliografie; detaillierte bibliografische Daten sind im Internet über http://dnb.d-nb.de abrufbar.

http://www.hanser-fachbuch.de

Lektorat: Lisa Hoffmann-Bäuml

Herstellung: Carolin Benedix

Satz: mediaTEXT Jena GmbH, Jena

Umschlaggestaltung: Parzhuber & Partner GmbH, München

Umschlagrealisation: Max Kostopoulos

Druck und Bindung: Kösel, Krugzell

Printed in Germany

ISBN 978-3-446-45205-3

E-Book ISBN 978-3-446-46680-7

ePub ISBN 978-3-446-46789-7

Inhaltsverzeichnis

1 Die Welt von 5S

Im Streben nach Leistungsverbesserungen suchen Unternehmen zunehmend nach Möglichkeiten, effizienter und intelligenter zu arbeiten. In den letzten Jahrzehnten haben viele Verbesserungskonzepte Schlagzeilen gemacht. Gleichzeitig gewannen weniger komplexe und pragmatische Konzepte ebenfalls an Popularität und Bedeutung.

Es gibt ein einfaches Verbesserungskonzept, das für alle Arten von Unternehmen passt. Da es unkompliziert ist, führt es schnell zu sichtbaren und signifikanten Ergebnissen und zu einer Reduktion von Komplexität. Das Verbesserungskonzept liefert Vorteile sowohl für das Management als auch für Mitarbeiter und bezieht sich auf einen Gegenstandsbereich, der oft stiefmütterlich behandelt wird. Er wird oft als selbstverständlich hingenommen, doch viele Unternehmen haben hier ein großes Verbesserungspotenzial. Ist ein Unternehmen auf diesem Gebiet auffällig gut, ist es wahrscheinlich, dass es dieses Konzept anwendet. Die Autoren dieses Buches haben als Berater, Change Manager und Führungskräfte seit mehr als 20 Jahren mit dieser Themenstellung zu tun und sind immer wieder von dem im Folgenden beschriebenen Verbesserungskonzept und seinen Ergebnissen beeindruckt. Faszinierend ist auch, dass dieses Konzept immer wieder neu entdeckt und in weiteren spannenden Bereichen umgesetzt werden kann, wie z. B. im digitalen Alltag, im (agilen) Projektmanagement und im Nachhaltigkeitsmanagement.

Die Themenstellung heißt Ordnung und Sauberkeit. Das Konzept nennt sich 5S und leitet sich von den japanischen Begriffen der fünf Phasen seiri, seiton, seiso, seiketsu und shitsuke ab. Einer der Pioniere von 5S, Takashi Osada, schlägt in seinem ersten Buch über 5S (in englischer Sprache) von 1991 folgende Übersetzung der fünf Phasen ins Englische vor: organisation (seiri), neatness (seiton), cleaning (seiso), standardisation (seiketsu) und discipline (shitsuke). Die deutsche Übersetzung lautet 5S oder 5A, je nach Auswahl der Anfangsbuchstaben der Phasen: seiri (Sortieren; Aussortieren), seiton (Systematisieren; Aufräumen), seiso (Sauberkeit; Arbeitsplatz sauber halten), seiketsu (Standardisieren; Anordnung zur Regel machen) und shitsuke (Selbstdisziplin; alle Phasen wiederholen). In diesem Buch werden die Phasen von 5S mit Sortieren, Systematisieren, Sauberkeit, Standardisieren und Selbstdisziplin übersetzt und angewendet. Zur einfacheren Orientierung haben wir den einzelnen Phasen Symbole zugeordnet (Bild 1).

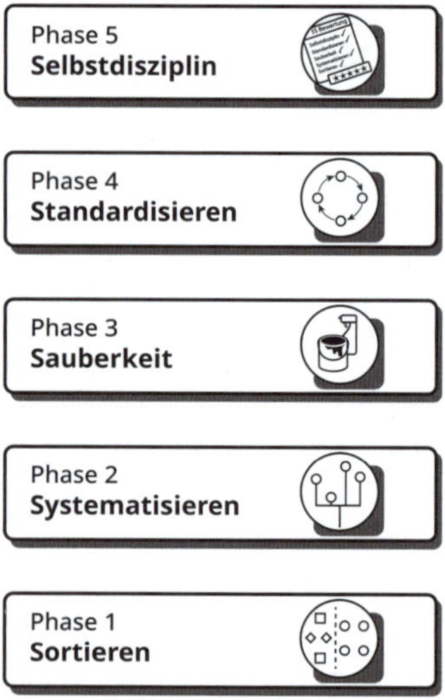

Bild 1: Die fünf Phasen von 5S im Überblick

Einige Unternehmen nutzen 6S, 7S oder sogar 8S, indem Elemente wie Sicherheit, Qualität, Kundenzufriedenheit und die Beteiligung von Mitarbeitern oder Ähnliches hinzugefügt werden. Auch im privaten Bereich hat dieses Konzept bereits Einzug gehalten. Ein sehr gutes Beispiel dafür ist der internationale Bestseller *Magic Cleaning* von Marie Kondo.

WORUM GEHT ES?

In seiner einfachsten Form wird 5S oft nur als hervorragende Ordnung und Sauberkeit definiert. Etwas ambitionierter wird 5S als die optimierte Gestaltung, Organisation und Standardisierung von Gegenständen in Arbeitsbereichen verstanden. Gegenstände sind z. B. Werkzeuge, Reinigungsmaterialien, Müll, Produktmuster, Lagerbestände, Maschinen, Verpackungsmaterialien, Hilfsmaterialien, Produktproben, Arbeitskleidung, persönliche Gegenstände, Dokumente und defekte Teile. Arbeitsbereiche sind natürliche Einteilungen eines Unternehmens in organisatorische, räumliche oder fertigungsabhängige Kriterien. Ein Arbeitsbereich kann z. B. eine Werkshalle, eine Produktionsabteilung, eine Produktionslinie, ein Teambereich, ein Wareneingang, ein Labor, ein Lager und ein Bürobereich sein. In einem weiteren Sinne kann es auch für digitale Speichermedien, Server, Cloud-Dienste und E-Mail-Programme verwendet werden.

Das 5S-Konzept involviert und befähigt jeden, sich dauerhaft einen zweckmäßigen und aufgeräumten Arbeitsplatz zu schaffen sowie diesen kontinuierlich zu verbessern. Dies beruht darauf, dass die Mitarbeiter in 5S zu einem hohen Grad aktiv und positiv involviert werden. Ein auch häufig anzutreffendes Verständnis ist, dass 5S darauf abzielt, Werte wie Ordnung, Sauberkeit, Standardisierung, Teamarbeit und Disziplin in einen Arbeitsbereich zu integrieren.

In Unternehmen entsteht der Bedarf an 5S meistens aus operativen Herausforderungen in Bezug auf Ordnung und Sauberkeit. Diese können beispielsweise sein:

- individuelle, personenbezogene Lösungen,
- unklare Richtlinien und fehlende Standards,
- kurzfristige Aufräumaktionen bei Audits und ähnlichen Anlässen,
- hoher Aufwand für Such- und Wartezeiten,
- Behinderung durch herumliegende Gegenstände und Arbeitsmaterialien,
- Engpässe bei dringend benötigter Lagerfläche,
- herumliegende sowie nicht bestandsgeführte Ersatzteile in mehreren Arbeitsbereichen,
- mangelhaft definierte Verantwortung, speziell bei Schnittstellen und Gemeinschaftsbereichen.

Der Bedarf an 5S besteht auch in vielen anderen Bereichen, wie z. B. im digitalen Alltag mit:

- überfüllten E-Mail-Postfächern,
- Datenordnern mit unstrukturierten Dateien,
- Dubletten und Mehrfachablagen von Dateien,
- veralteten Dateien und unvollständigem bzw. lückenhaftem Versionenmanagement,
- veralteten IT-Geräten, Speichermedien und Elektromüll.

5S ist eine Vorgehensweise mit integriertem Umsetzungsmodell, das die fünf Phasen (1) Sortieren, (2) Systematisieren, (3) Sauberkeit, (4) Standardisieren und (5) Selbstdisziplin umfasst. Jede dieser fünf Phasen enthält Aktivitäten, Gruppenarbeiten und Zielsetzungen für die praktische Durchführung. Wenn das Modell in einer systematischen und gründlichen Weise umgesetzt wird, stellen diese fünf Phasen sicher, dass Ordnung und Sauberkeit auf ein höheres Niveau gebracht werden und sich kontinuierlich verbessern. Begleitend unterstützen standardisierte Vorgehensweisen und Konzepte wie Projektsteuerung, Umsetzungsmodelle, Organisationsverankerung und Change Management die erfolgreiche 5S-Einführung.

Das Kartenset *Der 5S Navigator* von den Autoren dieses Buches bietet viele praktische Gruppenarbeiten, Checklisten und Tipps zur 5S-Umsetzung. Dieses Buch und das Kartenset ergänzen sich gut in vielerlei Hinsicht.

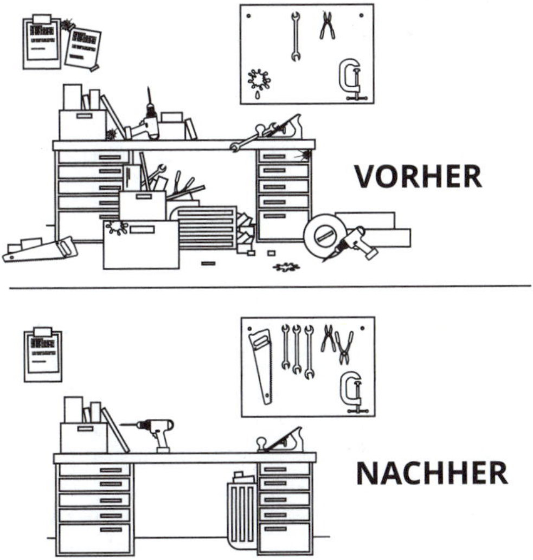

Bild 2: Illustration einer deutlichen Verbesserung durch 5S in einem Arbeitsbereich

Um die deutliche Verbesserung einer 5S-Umsetzung in einem Arbeitsbereich zu visualisieren, werden oft Vorher-nachher-Fotos und Dokumentationen erstellt. In Bild 2 werden die möglichen Verbesserungen in einem Arbeitsbereich illustrativ dargestellt. Ein Praxisbeispiel der Fronius International GmbH ist in Bild 3 zu sehen.

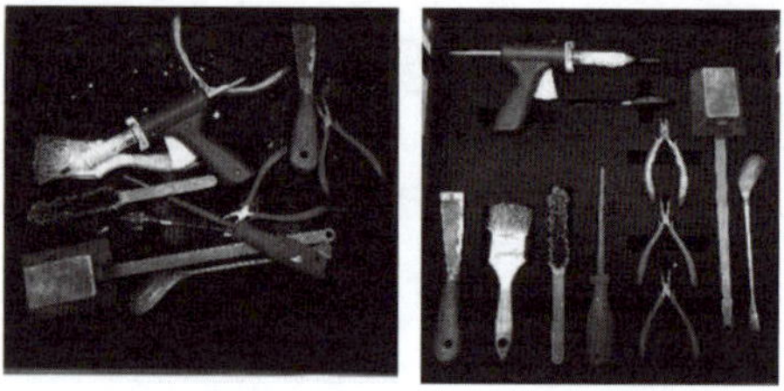

Bild 3: 5S-Praxisbeispiel der Fronius International GmbH

WAS BRINGT ES?

Die Vorteile von 5S sind vielfältig. Der größte Nutzen sind sichtbar saubere und organisierte Arbeitsbereiche, in denen alle Werkzeuge, Arbeitsutensilien und unfertigen Erzeugnisse einen definierten und nachvollziehbaren Platz haben. Ein weiterer Vorteil ist, dass 5S die Mitarbeiter einbezieht und ihnen die Möglichkeit gibt, ihre Arbeitssituation positiv zu beeinflussen. Dies führt zu weniger Frustration bei den Mitarbeitern und einer nachweislich höheren Effektivität. Die Disziplin der Mitarbeiter in Bezug auf Einhaltung vereinbarter Standards und Regeln wird ebenfalls erhöht. Darüber hinaus bildet 5S die Grundlage für die Einführung erweiterter Konzepte zur Leistungssteigerung und kontinuierlichen Verbesserung, wie z. B. Lean Management. Typische Ergebnisse einer erfolgreichen 5S-Einführung können in direkt sichtbare und indirekte Erfolge eingeteilt werden.

Direkt sichtbare Erfolge sind:

- einheitliche Ordnung und Standardisierung,
- gute Übersicht und Transparenz,

- verfügbare Flächen,
- sorgsamer Umgang mit Werkzeugen und Ausstattung,
- erhöhte Produktivität und Motivation.

Indirekte Erfolge sind typischerweise:

- Schaffung von Strukturen,
- Reduktion von Komplexität,
- Definition eindeutiger Verantwortungsbereiche,
- Zunahme der Übertragung von Verantwortung,
- Senkung von Kosten,
- Reduktion von Fehlern,
- Verbesserung des Erscheinungsbildes (unternehmensinternes Schaufenster),
- Förderung des Teamgedankens und der Selbstorganisation,
- Steigerung der Arbeitsmotivation,
- Erhöhung der Arbeitssicherheit,
- Einhaltung vereinbarter Standards und Regeln.

Eines der bekanntesten Unternehmen, das 5S erfolgreich anwendet, ist die Toyota Motor Corporation. In einem englischsprachigen 5S-Handbuch der Productivity Press schrieben 1998 Jim Peterson und Roland Smith, dass Unternehmen wie Boeing, Boise Cascade, Milliken, General Motors, Hewlett-Packard und Micron schon 5S-Programme hatten. In Deutschland und Österreich sind Unternehmen wie Fischer, Palfinger, Miba, WIBERG, Continental, efko, HELLA, Fronius, Bosch und die führenden Automobilhersteller für ihre Anwendung von 5S bekannt.

WIE GEHE ICH VOR?

Dieses Buch ist als Unterstützung zur Umsetzung von 5S geschrieben und enthält Empfehlungen für Unternehmen und Praktiker, welche mit 5S anfangen möchten oder 5S bereits anwenden. Das vorliegende 5S-Umsetzungsmodell kann sowohl in kleinen und mittleren Unternehmen (KMU) als auch Großunternehmen unabhängig von der Industrie angewendet werden.

In Kapitel 2 wird ein erster Überblick über die fünf Phasen gegeben. Die zur erfolgreichen Einführung notwendigen organisatorischen Themen werden in Kapitel 3 erklärt. Der Inhalt dieser Kapitel wird in Kapitel 4 anhand eines Praxisbeispiels anschaulich erläutert. Nachfolgend werden die Optionen zur Projektsteuerung von 5S in Kapitel 5 beschrieben. Eine detaillierte Beschreibung der einzelnen Phasen sowie möglicher Hilfsmittel für die praktische Umsetzung von 5S erfolgt in Kapitel 6. Das in Kapitel 7 nachfolgende Praxisbeispiel aus der Lebensmittelbranche stärkt das Verständnis von 5S und bildet den Übergang zu einem wichtigen Erfolgsfaktor, dem Change Management. Die wichtigsten Punkte diesbezüglich werden in Kapitel 8 beschrieben. Die neben den produktiven Bereichen mögliche Einführung in administrativen Bereichen sowie Dienstleistungsunternehmen wird in Kapitel 9 beschrieben. In den Kapiteln 10 bis 12 wird abschließend der Beitrag von 5S zu den Themen Lean Management, Digitalisierung und Nachhaltigkeitsmanagement diskutiert.

!

Das Buch *The 5S's: Five Keys to a Total Quality Environment* von Takashi Osada, das 1991 veröffentlicht wurde, gilt als das bahnbrechende Buch über 5S in der westlichen Welt. Es beschreibt die Grundlagen und den Inhalt von 5S und erklärt: „Wenn 5S im Unternehmen nicht erfolgreich eingeführt werden kann, so ist es auch nicht möglich, andere Arbeiten zu machen." Dazu erläutert Osada, dass „5S ein erster Indikator dafür ist, wie gut die Dinge laufen". Osada ist überzeugt, dass 5S nach dem Prinzip „Taten sagen mehr als Worte" funktioniert (Osada 1991, S. 16).

2 Die fünf Phasen erklärt

WORUM GEHT ES?

5S ist ein handlungsorientiertes und pragmatisches Verbesserungskonzept. Die Arbeit mit 5S umfasst im Wesentlichen Aktivitäten, Gruppenarbeiten und Zielsetzungen, die in logischer Abfolge innerhalb der 5S-Phasen durchgeführt werden müssen: 1. seiri (Sortieren), 2. seiton (Systematisieren), 3. seiso (Sauberkeit), 4. seiketsu (Standardisieren) und 5. shitsuke (Selbstdisziplin). Die fünf Phasen und deren Inhalte werden als 5S-Umsetzungsmodell bezeichnet (Bild 4).

Das im Folgenden sowie in Bild 4 beschriebene 5S-Umsetzungsmodell ist hauptsächlich für Produktions-, Logistik- und produktionsnahe Arbeitsbereiche, wie z.B. Technik, Instandhaltung, Lager, Werkstätten, Labor und Facility Management, konzipiert. Eine angepasste Form für administrative Bereiche und Dienstleistungsunternehmen wird in Kapitel 9 vorgestellt.

WIE GEHE ICH VOR?

Phase 1 – Sortieren

Die erste Phase ist die einfachste aller fünf Phasen, und sie führt zu leicht erkennbaren Änderungen. In jedem Arbeitsbereich werden alle Gegenstände folgender Frage unterworfen: „Ist das ein notwendiger Gegenstand für diesen Arbeitsbereich, der regelmäßig benutzt wird?“ Wenn ja, verbleiben die Gegenstände am derzeitigen Platz im Arbeitsbereich. Gegenstände, die gelegentlich benutzt werden, werden entsprechend markiert.

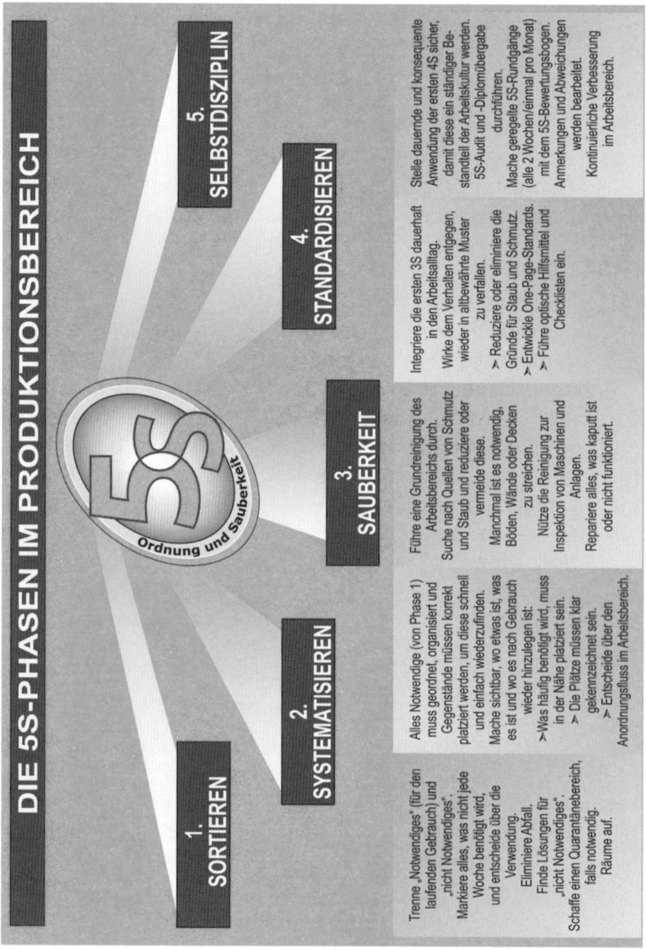

Bild 4: Das 5S-Umsetzungsmodell

Offensichtlicher Abfall und wertlose Gegenstände können entsorgt werden, entsprechend den Vorgaben zur Abfalltrennung. Gegenstände, die nicht eindeutig zuordenbar, in zu hoher Menge vorhanden oder defekt sind und aufgrund ihres Wertes oder aus Ersatzteilgründen aufbewahrt werden sollen, kommen direkt ins Lager oder in einen sogenannten Quarantänebereich. Für die Gegenstände im Quarantänebereich treffen befugte Personen später eine Entscheidung über die Verwendung. Zielsetzung dieser Phase ist es, dass der gesamte Arbeitsbereich sortiert ist und nur notwendige Gegenstände im Arbeitsbereich bleiben.

Phase 2 – Systematisieren

In der zweiten Phase wird der Arbeitsbereich geordnet. Alle verbliebenen Gegenstände erhalten einen definierten Platz. Die zugeordneten Plätze werden markiert. Die Anordnung der Gegenstände erfolgt nach den Kriterien der Häufigkeit, Arbeitsplatzergonomie und Arbeitssicherheit, um einen guten Arbeitsfluss zu unterstützen. Je öfter Gegenstände benötigt werden, umso näher sollten diese am Ort der Verwendung den definierten Platz finden. Selten benutzte Gegenstände finden ihren Platz in etwas größerer Entfernung, z. B. in speziell eingerichteten Schränken oder Regalen. Zielsetzung dieser Phase ist es, definierte Plätze für alle tatsächlich benötigten Gegenstände zu haben und unter Einbindung der Mitarbeiter eine Struktur zu schaffen, die das Auffinden von Gegenständen erleichtert.

Phase 3 – Sauberkeit

In der dritten Phase wird eine Grundreinigung des gesamten Arbeitsbereichs vorgenommen. Zudem wird nach Möglichkeiten gesucht, wie Schmutz, Staub und Unordnung in Zukunft vermieden werden können. Erreichbare Ergebnisse sind beispielhaft in Bild 5 ersichtlich. Oft ist es auch notwendig, beschädigte Böden und Wände zu reparieren oder zu streichen. Was Maschinen und Anlagen betrifft, können diese nach der Grundreinigung detailliert inspiziert werden, um neuen Wartungsbedarf zu identifizieren. Zum Schluss von Phase 3 werden alle schadhaften Gegenstände, Maschinen und Anlagen repariert.

Bild 5: Beispiel eines Maschinencenters nach Durchführung von Phase 3 (Quelle: Aarbakke AS)

Phase 4 – Standardisieren

Standardisieren im Rahmen von 5S bedeutet, die Grundlage zu schaffen, die ersten drei Phasen „Sortieren", „Systematisieren" und „Sauberkeit" dauerhaft auf dem erarbeiteten Niveau zu halten. Hierfür werden Regeln und Vorgehensweisen für Ordnung und Sauberkeit in sogenannte One-Page-Standards zusammengefasst und visualisiert. One-Page-Standards stellen auf einer DIN-A4- oder DIN-A3-Seite in einer Kombination von Text und Bildern die vereinbarten Regeln und Standards in Sachen Ordnung und Sauberkeit dar. One-Page-Standards (Bild 6) werden gut sichtbar direkt am betreffenden Ort angebracht, z. B. an Maschinen, Regalen oder Werkbänken.

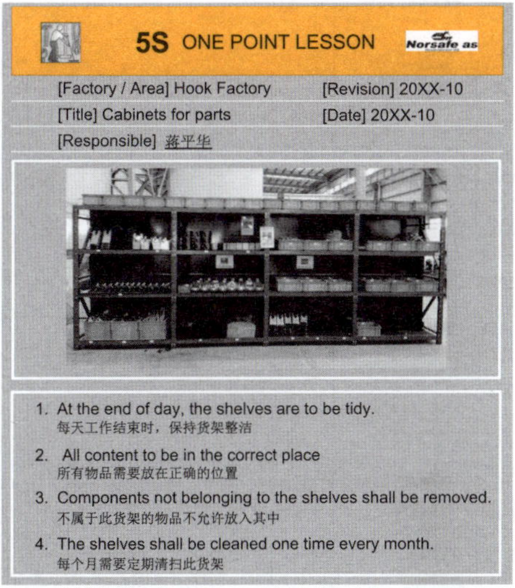

Bild 6: Beispiel eines organisierten und aufgeräumten Bereichs in der Produktionshalle von Norsafe AS in China. In Kapitel 6 wird die Vorlage eines One-Page-Standards auf Deutsch erklärt.

Phase 5 – Selbstdisziplin

Phase 5 besteht primär aus drei Aktivitäten. Erstens wird das erarbeitete Niveau von Ordnung und Sauberkeit überprüft und auditiert. Ein 5S-Zertifikat (Bild 7) wird den jeweiligen Arbeitsbereichen verliehen, wenn die ersten vier Phasen des 5S-Umsetzungsmodells zufriedenstellend eingeführt worden sind. Wenn das Niveau noch nicht erreicht ist, müssen zusätzliche Verbesserungen durchgeführt werden.

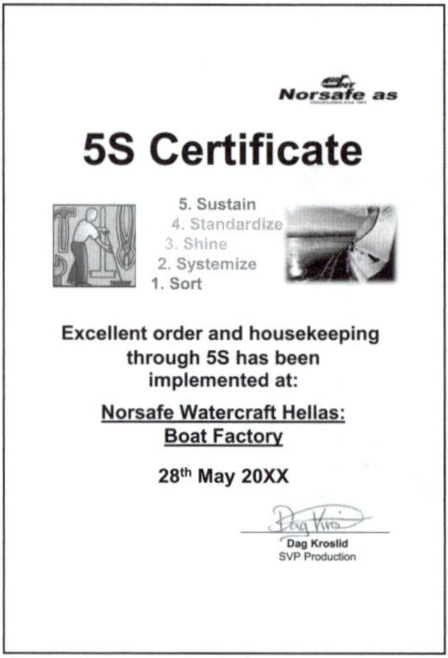
Norsafe as

5S Certificate

5. Sustain
4. Standardize
3. Shine
2. Systemize
1. Sort

Excellent order and housekeeping through 5S has been implemented at:

Norsafe Watercraft Hellas: Boat Factory

28th May 20XX

Dag Kroslid
SVP Production

Bild 7: Beispiel eines 5S-Zertifikats (Quelle: Norsafe AS). Eine Vorlage in deutscher Sprache wird in Kapitel 6 erklärt.

Zweitens wird Wert darauf gelegt, die Nachhaltigkeit von 5S in den Arbeitsbereichen sicherzustellen. Dies wird meistens durch regelmäßige 5S-Rundgänge erreicht. In einem 5S-Rundgang werden der Ist-Zustand bewertet und Abweichungen kommentiert. Drittens wird aktive kontinuierliche Verbesserung angestrebt. Diese stellt sicher, dass die Anmerkungen aus den 5S-Rundgängen umgesetzt und zusätzliche Ideen für Verbesserungen evaluiert und realisiert werden.

> **!** Die Begriffe 5S-Audits und 5S-Rundgänge werden oft synonym verwendet. In diesem Buch werden jedoch die beiden Begriffe unterschiedlich genutzt. Unter 5S-Audits verstehen wir die Evaluierung eines Arbeitsbereiches vor Ort, die für die Erreichung der 5S-Zertifizierung vorge-

nommen wird. Nach Überreichung des 5S-Zertifikats (auch 5S-Diplom genannt) starten die 5S-Rundgänge, um den jeweils erreichten Standard beizubehalten und diesen kontinuierlich weiterzuentwickeln.

Auch können wiederkehrende „5S-Trainings“, „5S-Kaizen-Events“ und „5S-Aktivitätstage“ die Sensibilisierung in Richtung kontinuierlicher Verbesserung stärken. 5S liefert auch praktische Verbesserungsbeiträge in Bereichen wie Qualität, Instandhaltung und Arbeitssicherheit. Je weiter Unternehmen in 5S Fortschritte machen, desto sichtbarer werden diese.

WAS BRINGT ES?

Erste Versuche und Initiativen für Ordnung und Sauberkeit wurden im Unternehmen möglicherweise bereits vorgenommen. Wahrscheinlich konnte auch ein kurzfristiger Erfolg erzielt, jedoch kein dauerhafter Standard gehalten werden. Der Vorteil des klar definierten 5S-Umsetzungsmodells besteht darin, dass die Umsetzung der fünf Phasen in einer strukturierten und schrittweisen Einführung erfolgt und damit Zeit für die praktische Realisierung von Verbesserungen geschaffen wird. Das erreichte Niveau wird nach der 5S-Zertifizierung in zeitlichen Abständen im Rahmen von 5S-Rundgängen begutachtet und weitere Verbesserungen werden forciert. Damit wird eine dauerhafte Einhaltung der gelernten und neuen Arbeitsweisen sichergestellt. Ein weiterer Nutzen besteht darin, dass alle Mitarbeiter im Unternehmen involviert werden und die einzelnen Phasen einfach und für jeden verständlich konzipiert sind. In jeder Phase gibt es auch spezifische Aktivitäten, Gruppenarbeiten und Zielsetzungen für die praktische Durchführung. Diese können auf abteilungsspezifische Fragestellungen angepasst werden.

3 Die 5S-Organisation und -Verankerung

Für die erfolgreiche Einführung von 5S ist sowohl der Aufbau einer 5S-Organisation als auch eine organisatorische Verankerung von 5S notwendig. Im Folgenden wird die 5S-Organisation mit ihren definierten Rollen und deren Aufgaben beschrieben. Danach wird auf die Verankerung von 5S im Unternehmen eingegangen.

An dieser Stelle sei bereits darauf hingewiesen, dass trotz aller hier beschriebenen Rollen und Aufgaben die Verantwortung für die Umsetzung von 5S Aufgabe der Führungskräfte der jeweiligen Abteilungen ist. Die 5S-Organisation hilft bei der Umsetzung von 5S. Die tägliche Nutzung muss die Linienorganisation sicherstellen.

> **!** Neben dem Studium von Literatur zu 5S ist Benchmarking in Form von Besuchen anderer Unternehmen ein ideales Werkzeug, um den eigenen 5S-Einführungsprozess zielsicher besser konzipieren zu können.

Um 5S erfolgreich einzuführen, ist es notwendig, mit einer entsprechenden 5S-Organisation die Durchführung zu begleiten. Dadurch werden den Mitarbeitern Bedeutung und Entschlossenheit für 5S gezeigt. Die 5S-Organisation stellt auch die für die Umsetzung fachliche und soziale Kompetenz sicher. Die 5S-Organisation besteht nur während der aktiven Umsetzung von 5S, danach wird diese aufgelöst.

> **!** Takashi Osada erklärt in seinem Buch *The 5S's: Five Keys to a Total Quality Environment* auch seine Sicht von Management und 5S. Was ist Management? Management bedeutet, einfache Verfahren zu entwickeln, um sicher-

zustellen, dass im laufenden Betrieb alles richtig gemacht wird, um jeden bei der Herstellung und Wartung von Verbesserungen zu involvieren, um den laufenden Betrieb weiterzuentwickeln, damit die Ebene der Qualitätssicherung verbessert wird. So gesehen ist es möglich, Managementgrundlagen mit 5S zu lernen. 5S sind einfach zu verstehende Aktivitäten, Gruppenarbeiten und Zielsetzungen, die sich für ein umfassendes Mitwirken eignen. Somit ist 5S ein Barometer, das anzeigt, wie gut das Management und insgesamt die Beteiligung der Mitarbeiter eines Unternehmens sind.

3.1 Die Rollen in der 5S-Organisation

Die 5S-Organisation besteht in der Regel aus den drei Rollen Auftraggeber, 5S-Koordinator und Berater, die mit entsprechend qualifizierten Personen zu besetzen sind.

Der Auftraggeber

Eine ganz wesentliche Rolle spielt der Auftraggeber oder Sponsor von 5S. Er entscheidet über Strategie, Zeitplan und Budget. In kleinen und mittleren Unternehmen ist der Auftraggeber häufig ein Mitglied der Geschäftsführung. Während der Einführung von 5S sollte das Thema regelmäßig auf der Agenda von Geschäftsführer- oder Werksleitungssitzungen stehen, damit Projektfortschritte berichtet und Abweichungen vom Plan beleuchtet werden können.

Der 5S-Koordinator

Eine ebenso wichtige Rolle für eine erfolgreiche Einführung spielen die Auswahl und das Einsetzen eines 5S-Koordinators, der die gesamte 5S-Einführung begleitet und steuert. Seine Hauptaufgaben sind:

- Erstellung der Einführungspläne für 5S (Inhalte, Budget und Zeitplan),
- Konzeption und Durchführung von Informationsveranstaltungen und Trainings,
- Beratung der Führungskräfte,
- Koordination der Maßnahmen,
- Reporting und Kommunikation zwischen dem Auftraggeber und den Führungskräften der Abteilungen, in denen 5S eingeführt wird.

Vom Persönlichkeitsprofil ist der 5S-Koordinator idealerweise ein Multitalent mit guten Führungseigenschaften, welcher umfassendes Wissen und praktische Erfahrung mit 5S und Lean Management hat. Zudem gehören ein hohes Maß an Eigenmotivation und eine ebenso hohe Frustrationstoleranz zu den wichtigsten Persönlichkeitsmerkmalen. Ständige Rückschläge, weil andere Themen wichtiger sind oder der disziplinäre Durchgriff nicht machbar ist, begleiten oftmals die Einführung.

Der 5S-Koordinator sollte auch gute Fähigkeiten im Projektmanagement, der Kommunikation mit Management und den Mitarbeitern sowie Durchsetzungskraft mitbringen. Bei der Auswahl des 5S-Koordinators sollte ebenfalls darauf geachtet werden, dass gewisse Grundkenntnisse von Lean Management vorhanden sind, da 5S meist der Beginn einer Lean-Reise ist.

Auch die Positionierung des 5S-Koordinators ist wichtig. Je höher die Stelle in der Hierarchie angesiedelt und je mehr sie mit Managementinsignien ausgestattet ist, desto mehr Bedeutung wird ihr zugemessen. Grundsätzlich ist am Anfang eine Stabsstelle auf Geschäftsführungs- oder Werksleitungsebene empfehlenswert, um Wichtigkeit und Nähe zu demonstrieren.

Der Berater

Am Anfang eines jeden Veränderungsprozesses ist das Wissen über Start, Inhalte und konkrete Vorgehensweise im Unternehmen meist noch nicht vorhanden. Auch bei 5S wird deshalb häufig das Pilotprojekt von einem Berater begleitet. Die Empfehlung ist, einen Berater zu finden, der vor allem zu den Mitarbeitern passt. Der Großteil der Einführung spielt sich am Ort des Geschehens, in den Arbeitsbereichen ab. Deshalb sollte der Berater eine gewisse Hands-on-Mentalität mitbringen: Workshops und Gruppenarbeiten vor Ort, wo der Berater auch praktische und gute Lösungen vorschlägt und selbst mit anpackt, zeigen Pragmatismus und Nähe zum Arbeitsumfeld der Mitarbeiter. Unserer Erfahrung nach ist es für den Erfolg wesentlich, dass der Berater bei den Vorbereitungen zur 5S-Umsetzung im ausgewählten Pilotbereich aktiv unterstützt. Nach dieser ersten Phase sollen der 5S-Koordinator und der Rest der Organisation im Großen und Ganzen selbständig sein und den Berater nur sporadisch in Anspruch nehmen.

Neben der 5S-Organisation spielen die Linienführungskräfte sowie die Mitarbeiter der einzelnen Arbeitsbereiche eine wichtige Rolle für eine erfolgreiche Umsetzung von 5S. Im Folgenden werden die Anforderungen kurz erläutert:

Die Linienführungskräfte

Die 5S-Organisation unterstützt bei der Einführung, die Integration von 5S in das operative Tagesgeschäft stellt jedoch die Linienorganisation sicher. Die Linienführung mit Abteilungsleitern, Vorarbeitern, Schichtleitern, Teamleitern usw. hat eine große Aufgabe und Verantwortung. Die Linienführungskräfte haben laut Osada (1991) in seinem Standardwerk zu 5S im Grunde einen einfachen Job: Setze einfache, nachvollziehbare Vorgehensweisen und Richtlinien um;

siehe zu, dass diese eingehalten werden; beziehe alle Mitarbeiter in die Erarbeitung und ständige Verbesserung dieser Vorgehensweisen und Richtlinien mit ein.

Der Mitarbeiter

In 5S stehen die Mitarbeiter im Mittelpunkt der Bestrebungen einer guten Einführung. Diese werden aktiv in alle Phasen von 5S involviert. 5S verpflichtet auch, die von den Mitarbeitern vorgeschlagenen Änderungen im operativen Tagesgeschäft zu verwenden und sich daran zu halten. Deshalb bringt 5S auch viele Vorteile für den einzelnen Mitarbeiter:

- Organisation des eigenen Arbeitsbereichs,
- effektives Durchsetzen von Verbesserungsvorschlägen,
- eine saubere und nützliche Arbeitsumgebung,
- verstärkte Zusammenarbeit zwischen Mitarbeitern und Abteilungen,
- persönliche Entwicklungsmöglichkeiten.

3.2 Verankerung von 5S

Es ist auch wichtig, dass 5S gut in der Organisation verankert ist. Die Idee und die Überzeugung von 5S müssen in der Geschäftsführung und in den unterliegenden Führungsebenen schon vor Start der Einführung deutlich vorhanden sein.

Die ursprüngliche Idee zur 5S-Einführung in einem Unternehmen kann in vielen Bereichen in einem Unternehmen entstehen, z. B. bei Kunden- oder Lieferantenbesuchen, Konferenzen, durch eine neue Führungskraft oder einen externen Berater. Je höher in der Organisation die Idee zu 5S angesiedelt ist, desto größer ist die Chance einer erfolgreichen Einführung. Die Idee und die Überzeugung müssen in allen Organisationsebenen erfolgreich hineingetragen werden.

> **!** Für eine erfolgreiche Einführung von 5S ist es notwendig, dass Führungskräfte aller Ebenen von den Vorteilen von 5S überzeugt sind, bevor mit der Einführung gestartet wird. Wenn eine Führungskraft überzeugt von 5S ist, kann man es deutlich in der Kommunikation und am Mitwirken erkennen.

Als Teil der Verankerung kann man auch begleitende kommunikative Maßnahmen sowie die Integration von 5S in das Tagesgeschäft, Besprechungen, Trainings oder Intranet sehen.

> **!** 5S kann Unternehmen helfen, das Niveau bereits eingesetzter Qualitätsmanagementsysteme, wie z. B. ISO 9000 oder ISO 14.000, zu heben oder bei der Einführung dieser zu unterstützen. Die sauberen und organisierten Arbeitsbereiche kommunizieren einen guten und professionellen Eindruck. Zudem vermittelt ein hohes Niveau an Ordnung und Sauberkeit, dass auch die Prozessbeschreibungen oft eingehalten werden. Verbesserungen, welche in 5S erzielt worden sind, werden in Qualitätsaudits von den Qualitätsbeauftragten im Regelfall sehr positiv bewertet. Auch in den industriebezogenen Qualitätsmanagementsystemen leistet 5S wichtige Beiträge, um die Anforderungen an organisierte und saubere Arbeitsplätze zu erfüllen, wie z. B. bei ISO 22.000 für die Lebensmittelindustrie, IATF 16.949 für die Automobilindustrie und ISO 13.485 für die Herstellung von Medizinprodukten. Ebenso werden in den internationalen Good Manufacturing Practice (GMP) Guidelines organisierte Arbeitsplätze gefordert.

4 Praxisbeispiel 1: 5S in der Baustoffindustrie

NorDan Gruppen AS ist einer der führenden Anbieter von Fenstern und Türen in Skandinavien und erwirtschaftet einen Umsatz von 300 Millionen Euro mit ca. 2.000 Mitarbeitern. Norwegen, Dänemark und Schweden sind mit 70 % die wichtigsten Märkte. Die restliche Produktion wird vor allem nach Großbritannien und Irland exportiert. Die Firma hat drei Produktionsstandorte in Norwegen, drei in Schweden, drei in Polen, einen in Dänemark und zwei in Litauen. Jedes Werk produziert einen Teil der Produktpalette.

Der größte Produktionsstandort befindet sich beim Headquarter der Gruppe in Moi an der Südwest-Küste Norwegens (Bild 8). Das Werk Moi beschäftigt rund 400 Mitarbeiter und hat insgesamt eine Grundfläche von 40.000 Quadratmeter.

Bild 8: Werksgelände am Hauptsitz in Moi

An diesem Standort werden etwa 30 % des Gesamtvolumens des Konzerns produziert. Als einer der Autoren dieses Buches die Position des Werksleiters im Jahr 2004 übernahm, erhielt die Einführung von 5S höchste Priorität.

Mit acht verschiedenen Vorarbeiterbereichen wurde ein Plan erstellt, um 5S in allen Abteilungen innerhalb eines Zeitrahmens von sieben Monaten umzusetzen. Jeder Vorarbeiterbereich folgte einem zehnwöchigen Umsetzungsplan (Tabelle 1) basierend auf dem Modell der gestaffelten Einführung.

Tabelle 1: Zehnwöchiger Umsetzungsplan

Arbeitsbereich Vorarbeiter	Abteilung	Start Woche	Fertigstellung Woche
Komponentenbearbeitung	3299	41	51
Liefer- und Bestandsmanagement	3099	45	4
Rohmaterial	3199	48	6
Isolierglasproduktion	7399	48	6
Montage offene Fenster	3499	51	10
Montage fixe Fenster	3599	4	14
Oberflächenbehandlung	3699	4	14
Aluminiumverkleidung	3799	8	18

Die Auswahl eines Pilotbereichs fiel auf die Lackiererei, da diese der einzige Arbeitsbereich mit Vorkenntnissen und Erfahrungen in 5S war.

Ein 5S-Koordinator und der Werksleiter unterstützten und leiteten die Umsetzung. Den Vorarbeitern und Schichtleitern wurden bestimmte und eindeutige Verantwortlichkeiten zugewiesen und die gesamte Belegschaft wurde gezielt einbezogen. Zusätzlich spielten auch die Gewerkschaft und deren Spitze eine positive Rolle bei der Planung und der Umsetzung von 5S. Sie erkannten schnell die Vorteile und unterstützten die Initiative nachhaltig.

In der ersten Phase – Sortieren – wurde eine große Anzahl an Containern mit Abfällen entsorgt, die jede Abteilung aussortiert hatte. Das Volumen der im Laufe der Jahre angehäuften überflüssigen Fensterteile, veralteten Werkzeuge und Verpackungsmaterialien entlang von Wänden, in Ecken und unter Treppen war enorm. Häufig waren Begründungen zu hören wie: „Wir könnten das in Zukunft benötigen, deshalb müssen wir sie behalten." Die Antwort des 5S-Koordinators und Werksleiters darauf war meistens: „Wenn wir es in Zukunft brauchen, werden wir neue Arbeitsgegenstände kaufen oder neue Teile bauen. Das ist sinnvoller, als Platz für vage Eventualitäten zu reservieren." Die Anzahl der Fälle, in denen Ersatz angeschafft oder hergestellt werden musste, war gleich null.

> **!** Werkzeuge, Komponenten und Ausrüstung, die nach der Phase des „Sortierens" und der Evaluierung noch immer im Quarantänebereich vorhanden waren, wurden bei einer Auktion während des jährlichen Sommerfestes vom Werk versteigert und der Erlös wurde dem örtlichen Krankenhaus gespendet.

Ein wesentliches Merkmal der zweiten Phase – Systematisieren – war der Beschluss, neue Werkbänke und Schränke anzuschaffen, um eine einheitliche Lösung für das Werk zu erhalten. Bei Bedarf wurden auch neue Werkzeuge gekauft. Dies sicherte einen einheitlichen Standard für das gesamte Werk. Ein im Voraus nicht bedachter Punkt bei der Durchführung von Phase 2 waren die Lieferzeiten für die Werkbänke und Schränke. In einigen Abteilungen verzögerte sich dadurch der Fortschritt von 5S. Bild 9 zeigt den Reparaturbereich der Lackiererei vor und nach der Umsetzung von 5S.

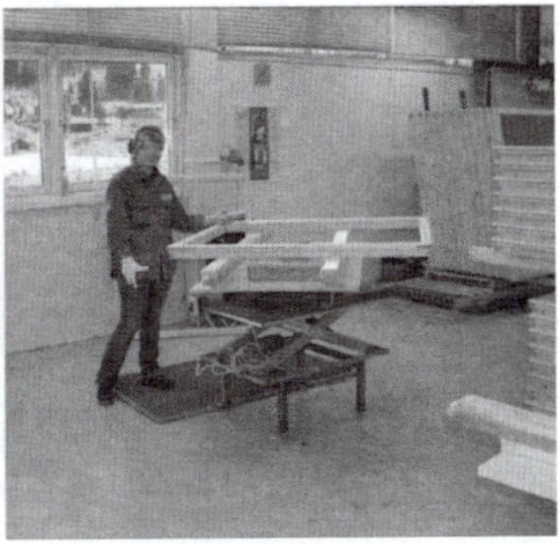

Bild 9: Reparaturbereich in der Lackiererei vor und nach der Umsetzung von 5S

In der dritten Phase – Sauberkeit – wurden neben den klassischen Reinigungstätigkeiten auch Wände, Böden und Decken der Produktionshallen aus den 1950er- und 1960er-Jahren gereinigt und gestrichen. Das war ein umfangreiches Unterfangen, an dem große Teams von Mitarbeitern, Wartungspersonal und externen Unternehmen beteiligt waren. Die Reparatur und die Reinigung wurden an einem Wochenende vorgenommen und das Streichen am darauffolgenden. Durch diese gründlichen und umfassenden Arbeiten wurde jedem klar, wie viel der Werksleitung an der erfolgreichen Einführung von 5S lag.

!

Erfolge gehören gefeiert: Während der dritten Phase wurden die Wände, Böden und Decken der Hallen jeweils am Wochenende gestrichen. Als die Mitarbeiter am Montagmorgen zur Arbeit kamen, waren sie positiv von den sichtbaren Verbesserungen und der viel angenehmeren Arbeitsumgebung überrascht. Die Renovierung setzte sich auch bei Toiletten und Pausenzimmern fort. Die Halle wurde offiziell mit Sektempfang, einer kurzen

Ansprache und dem symbolischen Durchschneiden eines Bandes eröffnet. Eine schöne Feier der erbrachten Leistung und des Erreichens eines wichtigen Meilensteins!

In der vierten Phase – Standardisieren – wurden One-Page-Standards eingeführt. Um die Arbeitsbereiche bei der Entwicklung der One-Page-Standards zu unterstützen, wurde ein in der technischen Abteilung tätiger ehemaliger Fotograf für einige Monate zu 50 % für die 5S-Umsetzung abgestellt.

Im Zuge der vierten Phase wurde auch Wert darauf gelegt, die Ursachen für Staub und Schmutz zu identifizieren und zu reduzieren. In Bezug auf Staub und Verschmutzungen gibt es in der holzverarbeitenden Industrie eine Menge Ursachen: von den Hobelspänen zu Beginn des Produktionsprozesses über Farbflecken bei Lackierprozessen bis hin zur Verschmutzung der Böden in der Endmontage. Für viele der Ursachen für Staub und Schmutz wurden gute Lösungen gefunden, die es grundsätzlich erleichterten, die Produktionsbereiche sauber zu halten.

Die fünfte Phase – Selbstdisziplin – begann immer mit einer Art 5S-Probezertifizierung, um zu überprüfen, welches Niveau von Ordnung und Sauberkeit der Arbeitsbereich erreicht hatte, ob die Teams alle Hauptaktivitäten von 5S umgesetzt hatten und ob weitere Verbesserungen notwendig waren.

Eine Woche nach dieser Probezertifizierung wurde das echte 5S-Audit von der Werksleitung und dem 5S-Koordinator durchgeführt. In einem Vorarbeiterbereich musste das 5S-Audit aufgrund eines zu niedrigen Niveaus und gewichtiger Anmerkungen dreimal wiederholt werden. Zur Beseitigung der Mängel wurde jeweils eine Woche Zeit gegeben. Durch die zwei zusätzlichen Wochen hatte der Vorarbeiterbereich viel gelernt und Verständnis für 5S erzielt, was letztendlich zu einer deutlichen Verbesserung des Ergebnisses geführt hat.

> **!** Der Werksleiter oder der 5S-Koordinator führten in allen Vorarbeiterbereichen 14-tägige 5S-Rundgänge durch. Der Werksleiter konnte sich hierbei selbst ein Bild machen und mit den Mitarbeitern gewisse Themen und Probleme direkt besprechen. Zugleich wurde durch seine Einbeziehung die hohe Priorität von 5S widergespiegelt.

Gewonnene Erkenntnisse

- Meilensteine und Erfolge in der Umsetzung sollen mit den beteiligten Mitarbeitern gefeiert werden. Wichtig ist auch, den Erfolgen Aufmerksamkeit zu geben, wie z. B. Präsentation im Internet, auf Info-Boards, in der Mitarbeiterzeitung etc.
- Die Teilnahme möglichst vieler Mitarbeiter an den 5S-Aktivitäten ist wichtig.
- Es wurde mit der Einführung des NorDan-Produktionssystems, das auf den Prinzipien des Lean Managements aufbaut, fortgefahren, wie in Bild 10 ersichtlich ist.

Der operative Gewinn des Werks Moi verdoppelte sich von 5 % auf 10 %, was teilweise der Einführung von 5S zugeschrieben wurde.

15 Jahre nach der Einführung von 5S im Werk Moi wird heutzutage in allen zwölf Werken der NorDan Gruppe 5S aktiv betrieben. 5S-Audits werden regelmäßig durchgeführt. Ebenso hat NorDan auch einen 5S-Selbstbewertungsbogen für die Arbeitsbereiche eingeführt. Besucher und Kunden der Werke kommentieren regelmäßig, wie gut und hoch der Standard für Ordnung und Sauberkeit ist. Der durch 5S geschaffene Eindruck von Ordnung und Sauberkeit durch One-Page-Standards und deutliche Visualisierungen hat sich auch positiv auf Audits der Qualitäts- und Umweltmanage-

mentsysteme niedergeschlagen. Bei NorDan ist 5S immer noch ein zentrales Element des NorDan-Produktionssystems (Bild 10).

Im Laufe der Jahre hat es organisationale Änderungen in den NorDan-Werken gegeben, indem man sich von einer traditionellen Organisation mit Vorarbeitern und Abteilungen in Richtung Teamorganisation entwickelt hat. Hierbei hat es sich gezeigt, dass 5S auch sehr gut in einer Teamorganisation funktioniert, da 5S praktisch und einfach ist und alle Mitarbeiter voneinander abhängig sind, damit 5S im Team gelebt werden kann.

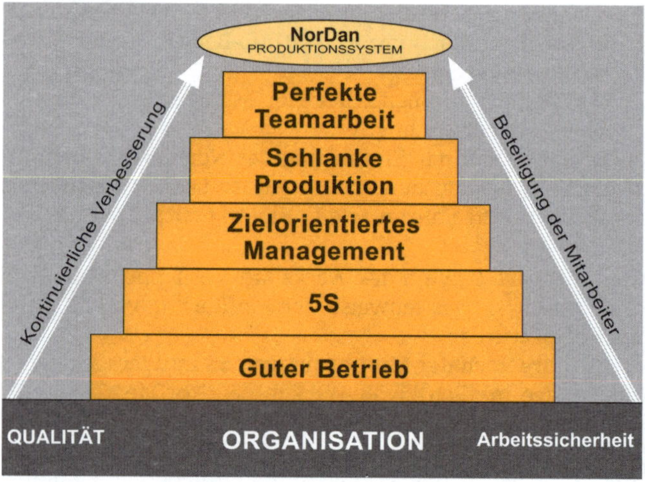

Bild 10: Das NorDan-Produktionssystem

5 Projektsteuerung

WORUM GEHT ES?

Sowohl bei NorDan aus dem Praxisbeispiel als auch in anderen Unternehmen hat sich gezeigt, dass 5S eine sorgfältige Vorbereitung und Planung erfordert, um erfolgreich eingeführt werden zu können. Die Projektsteuerung von 5S beruht auf Plänen, die einen umfassenden Überblick über die durchzuführenden Aktivitäten und die erforderlichen Ressourcen geben.

WIE GEHE ICH VOR?

Ein gutes Management der Einführung von 5S enthält alle Bausteine aus dem klassischen Projektmanagement: einen Zeitplan mit Aktivitäten, Meilensteinen und einer Ressourcenplanung für die wesentlichen Projektbeteiligten wie Auftraggeber, 5S-Koordinator, Berater, die betroffenen Führungskräfte und deren Abteilungen.

> **!** Unrealistische Terminsetzungen, die zu Verschiebungen oder unvorbereiteten Workshops führen, schaden der Wahrnehmung von 5S und geben Kritikern Oberwasser. Die Hauptprinzipien von 5S – Ordnung und Sauberkeit – beinhalten auch eine gute, realistische Planung und Durchführung.

In der Praxis hat es sich bewährt, die Projektdurchführung auf unterschiedlichen Planungsebenen vorzubereiten, um ein Bild über Ressourcen, die Zeitschiene und möglichen Risiken zu erhalten. Die nachfolgend beschriebene Planungsstruktur impliziert die in diesem Buch favorisierte Vorgehensweise:

- Abstimmung der Modalitäten zur Einführung mit der Geschäftsführung und Einbeziehung der Führungskräfte,
- gute Projektplanung und Organisation,
- gestaffelte Einführung von Arbeitsbereich zu Arbeitsbereich mit Start in der Produktion und nachfolgender Umsetzung in den administrativen- und Dienstleistungsbereichen.

Planungsebene 1 (Tabelle 2): Dies ist der übergeordnete 5S-Umsetzungsplan eines Unternehmens, der alle Maßnahmen auflistet, die für eine erfolgreiche und nachhaltige Einführung von 5S benötigt werden. Dieser dient z. B. als Grundlage zur Verabschiedung des Projektplans vor dem Auftraggeber oder um den nur teilweise involvierten Funktionseinheiten, wie Personal oder Betriebsrat, einen Überblick zu verschaffen.

Tabelle 2: Übergeordneter 5S-Einführungsplan beispielhaft für ein Unternehmen

Projektplan zur Einführung von 5S				
Maßnahmen	**Zeitpunkt**	**Was?**		
Erarbeitung: Commitment zu 5S	Monat 1	Diskussion im Topmanagement	Vorstellung bei den Führungskräften	Benchmarking: Was und wie machen es andere?
Organisatorische Verankerung	Monat 2	Festlegung Auftraggeber	Einarbeitung 5S-Koordinator und Linienführungskräfte	Entscheidung Berater
Planung der konkreten Umsetzung	Monat 1 und 2	Erstellung Gesamtplan	Erstellung Detailplan für die einzelnen Arbeitsbereiche	Start der Kommunikation 5S
Durchführung der 5 Phasen	Monat 3–xx (je nach Größe des Unternehmens)	Jeweils Start mit Pilotbereich, z. B. Produktion	Ausrollen auf die anderen Arbeitsbereiche	Start mit 5S in den Bürobereichen (Anpassung der Vorgehensweise)
Zertifizierung und Einführung regelmäßiger 5S-Rundgänge	Nach Abschluss Phase 4	5S-Audit und -Diplomübergabe durchführen. 5S-Rundgänge organisieren.	Arbeit an Verbesserungen	Durchführung weiterer 5S-Trainings
Planung der Hauptaktivitäten und Weiterentwicklung Richtung Lean	Kontinuierliche Verbesserung (KVP)	Prozessstandards	Visuelles Management	Wertstromdesign

Planungsebene 2 (Tabelle 3): Dies ist der Umsetzungsplan für die Arbeitsbereiche, der darstellt, wann und wie lange die Umsetzung in den einzelnen Arbeitsbereichen dauert.

Tabelle 3: Beispiel 5S-Umsetzungsplan für mehrere Arbeitsbereiche

Arbeitsbereich	Verantwortung	Januar	Februar	März	April	Mai	Juni
Wareneingang	...						
Produktionsbereich A	...						
Produktionsbereich B	...						
Produktionsbereich C	...						
Versand	...						
...	...						

Planungsebene 3 (Tabelle 4): Hier wird der Standardumsetzungsplan eines Arbeitsbereichs dargestellt, der den Führungskräften und Mitarbeitern die Hauptaktivitäten vermittelt.

Tabelle 4: Beispiel Aktivitätsplan eines Arbeitsbereichs

Woche	Hauptaktivität
1	Kick-off und Kurztraining 5S mit allen Mitarbeitern des Arbeitsbereichs
1	Workshop Sortieren (Phase 1)
2	Rundschau Sortieren mit Auflösung der Quarantänebereiche
2	Workshop Systematisieren (Phase 2)
3	Umsetzung der „guten Lösungen“ aus Systematisieren
3	Workshop Sauberkeit (Phase 3)
4	Reinigung und Reparaturen durchführen
5	Workshop Standardisieren (Phase 4)
6	5S-Audit und -Zertifizierung (Phase 5)
7	Einführung 5S-Rundgänge
monatlich	5S-Rundgänge

Planungsebene 4 (Tabelle 5): Hier erfolgt die Ausarbeitung des Aktivitätsplans für jeden einzelnen Arbeitsbereich. Detailliert geplant werden neben der jeweiligen Aktivität die genaue Zeit sowie die Namen der Teilnehmer und der verantwortlichen Personen, um Verbindlichkeiten für die jeweiligen Aktivitäten zu schaffen.

Tabelle 5: Beispiel detaillierter Aktivitätsplan für einen Arbeitsbereich

Datum	Hauptaktivität	Zeit	Teilnehmer	Verantwortlich
05.01.	Kick-off und Kurztraining 5S im Bereich Wareneingang	8.00–10.00	alle Mitarbeiter des Bereichs	...
06.01.	Workshop Sortieren (Phase 1)	10.00–12.00	alle Mitarbeiter von Schicht 1	...
...	Rundschau Sortieren mit Auflösung der Quarantänebereiche	...	...	...
	Workshop Systematisieren (Phase 2)			
	...			

Während der Einführung von 5S ist der Aufbau eines Monitorings wichtig, das Transparenz über den aktuellen Status von 5S in den einzelnen Arbeitsbereichen liefert und meist auch eine positive Dynamik auslöst.

WAS BRINGT ES?

Die Einführung von 5S über alle Arbeitsbereiche eines Unternehmens ist ein komplexes Projekt mit meist vielen Höhen und Tiefen. Ein gut fundiertes, starkes und stringent konzipiertes Management der Einführung von 5S hilft, dieses mit möglichst wenig Aufsehen, Stress und Frustration umzusetzen. Eine schrittweise, sogenannte inkrementelle Planung und Steuerung kann dabei unterstützen, Abweichungen schnell zu bemerken und entsprechende Maßnahmen sofort einzuleiten. Es erleichtert auch die Kommunikation mit dem Auftraggeber, weil Fragen und Entscheidungen zu Ressourcen oder Abweichungen schnell und transparent beantwortet werden können.

5.1 Drei Hauptarten der zeitlichen Einführung von 5S

Das 5S-Umsetzungsmodell kann auf unterschiedliche Weise, je nach zeitlichen und organisatorischen Möglichkeiten im Unternehmen angewendet werden. In der Praxis gibt es drei unterschiedliche Einführungskonzepte:

- Gestaffelte Einführung: in fünf bis zehn Wochen
- Organische Einführung: in vier bis sechs Monaten
- Kompakte Einführung: in ca. einer Woche

Gestaffelte Einführung

Die Einführung von 5S erfolgt gestaffelt in einzelnen Schritten, die insgesamt fünf bis zehn Wochen Zeit benötigen. Für jede Phase werden ein bis zwei Wochen für Training, Aktivitäten, Gruppenarbeiten und die praktische Umsetzung eingeplant (Bild 11). Die Fertigstellung der jeweiligen Phase wird bis zum nächsten Termin als Aufgabe in die Linie übergeben. Der Vorteil ist, dass entsprechend Zeit für den Veränderungsprozess und für das Verstehen der Inhalte zur Verfügung steht. Mit dieser Art und Weise der Einführung können mehrere Arbeitsbereiche 5S sowohl zeitgleich als auch zeitversetzt einführen. Ein zusätzliches Pensum an Arbeitsaufwand durch Workshops, Gruppenarbeiten und entsprechende Aufgaben ist allerdings von den Führungspersonen und Mitarbeitern neben der Tagesarbeit zu absolvieren. Die gestaffelte Einführung kann auch als inkrementelle Vorgehensweise aus dem agilen Organisationsumfeld bezeichnet werden. Sie eignet sich zur Kombination von agilen Methoden im Rahmen von Agile Manufacturing, Industrie 4.0, Digitalisierungsbestrebungen und der agilen Softwareentwicklung. Sie unterstützt die Weiterentwicklung der von 5S geforderten Reduktion der Komplexität, Teamarbeit sowie Eigenverantwortung von Führungskräften und Mitarbeitern.

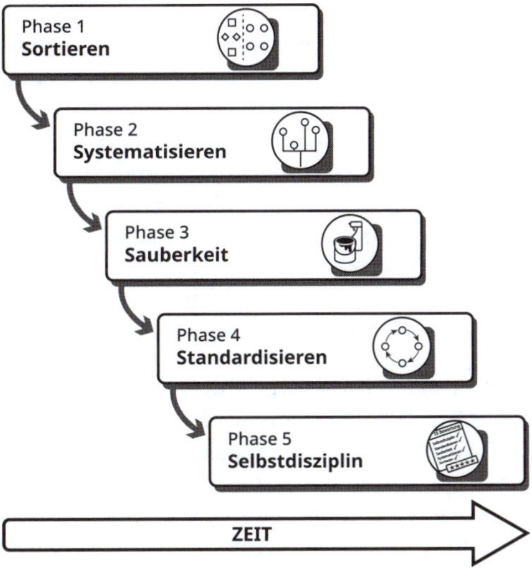

Bild 11: Illustration der gestaffelten Einführung

Organische Einführung

Eine weitere Möglichkeit zur Einführung besteht darin, 5S-Aktivitäten in einem Arbeitsbereich über mehrere Monate hinweg umzusetzen. Die Verantwortung kann dabei zur

Gänze der Linie übertragen werden, die die Umsetzung selbständig vornimmt. Dazu sind ein genauer Umsetzungsplan und eine Teilung der Arbeitsbereiche notwendig, um den operativen Betrieb ohne Einschränkung zu gewährleisten. Diese Art der Einführung ist zeitintensiv, hat jedoch den Vorteil, dass die Entwicklung und das Wachstum einer 5S-Kultur organisch, d.h. aus der Kraft der Mitarbeiter heraus erfolgen. Dies kann speziell für Unternehmen von Vorteil sein, die bereits in einem agilen Umfeld tätig sind oder agile Prinzipien und Arbeitsweisen eingeführt haben und in weiteren Bereichen umsetzen möchten. Dies erfordert allerdings in höchstem Maße Disziplin, Selbstorganisation, Willensstärke und Motivation sowohl von den Linienführungskräften als auch von den Mitarbeitern, genügend Zeit für die Umsetzung vorzusehen. Ansonsten besteht bei dieser Vorgehensweise die Gefahr, dass Aktivitäten abgebrochen werden oder die Realisierung aufgrund operativer Prioritäten verzögert oder sogar ausgesetzt wird.

Kompakte Einführung

In manchen Fällen kann es notwendig und sinnvoll sein, die ersten vier Phasen von 5S in zwei bis fünf Tagen, abhängig von der Größe und dem Zustand der Arbeitsbereiche, umzusetzen. Einer der Fälle könnte sein, dass 5S bereits eingeführt wurde und eine Revitalisierung im Sinne eines Verbesserungs-Events erwünscht ist. Die Voraussetzungen dafür sind, dass zum einen alle Mitarbeiter im jeweiligen Arbeitsbereich umfassend mitwirken können und zum anderen ein bereits erfahrener 5S-Koordinator die Einführung begleitet. Organisatorisch ist dies eine komplexe Aufgabe, da anfallende operative Tätigkeiten vor- oder nachgearbeitet werden müssen. Die Schulung von Mitarbeitern ist unumgänglich.

Während der zwei bis fünf Tage finden sowohl Trainings der einzelnen Phasen als auch die entsprechende praktische Durchführung in den Arbeitsbereichen vor Ort statt. Dadurch wird eine effiziente und konzentrierte Einführung von 5S möglich, sodass mehrere Arbeitsbereiche zeitnah bearbeitet werden können. Allerdings besteht auch die Gefahr, dass der enge Zeitplan praktisch nicht durchführbar ist, Mitarbeiter überfordert sind und damit keine oder nur wenig nachhaltige Ergebnisse erzielt werden können. Die Zeit, das neu Gelernte zu praktizieren, wird damit eine besondere Herausforderung nach der Einführungsphase. Vorteilhaft und zum wiederholten Training bieten sich monatliche 5S-Aktivitäten an.

In der Praxis hat sich die gestaffelte Einführung durchgesetzt. Zum einen gewährleisten diese eine zeitnahe Einführung, und zum anderen sinkt auch die Wahrscheinlichkeit, dass die Ausführungen in den Anfängen der fünf Phasen stocken oder gar abgebrochen werden.

Um den Grundgedanken von 5S erfolgreich in die Einführung zu bringen, müssen folgende Punkte berücksichtigt werden:

- konsequente Durchführung der fünf Phasen,
- zeitnahe Umsetzung der fünf Phasen,
- Definition eindeutiger Verantwortlichkeiten, auch für Schnittstellenbereiche (z. B. Besprechungsräume),
- Einhaltung vereinbarter Regeln und Richtlinien.

5.2 Moderne Projektmanagementalternativen

Heutzutage gibt es interessante Alternativen zum klassischen Projektmanagement, wie z. B. Scrum und agiles Projektmanagement.

5S lässt sich gut mit agilen Projektmanagementmethoden umsetzen, wie im Bild 12 dargestellt. Die Einführung des 5S-Umsetzungsmodells mit einem agilen Projektmanagementansatz wird damit zu einem vierten Einführungskonzept. 5S beinhaltet bereits typische Elemente agiler Methoden, wie z. B. das Intervall der fünf Phasen (Sprints) oder selbstorganisierte Teams. Das dauerhafte Abliefern von Planungs- und Arbeitsergebnissen (Artefakte) passt ebenfalls sehr gut zum 5S-Umsetzungskonzept.

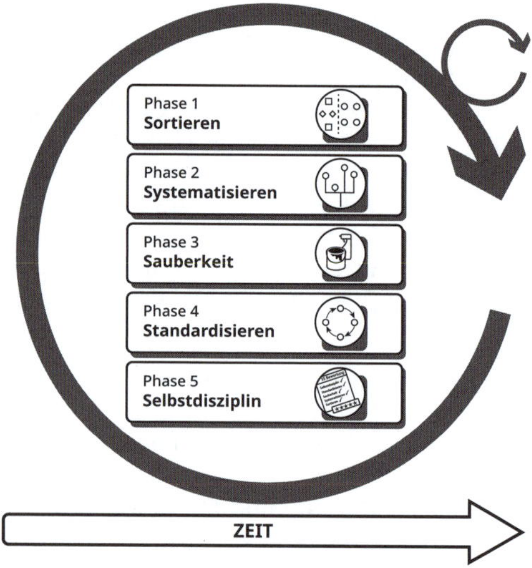

Bild 12: Illustration der agilen Einführung

Die Einführung von 5S anhand des agilen Einführungskonzepts läuft wie folgt ab:

- Definition von Intervallen (Sprints) für jede Phase
- Definition beteiligter Personen und Rollendefinition

- Pro Intervall Festlegung:
  - Planung
  - Definierte Ergebnisse
  - Kriterien, wann die Ergebnisse fertig sind und die jeweilige Phase abgeschlossen ist
- Gemeinsame Festlegung von Feedback-, Lern- und Verbesserungsroutinen, z. B. mit einem Team-Board

> **!** Bei agiler Einführung von 5S ist es wichtig, dass alle beteiligten Personen sowohl die Scrum- als auch agilen Werte kennen und leben. Sie bilden die Basis für eine gelebte agile Haltung und Mindset. Eine klare Rollendefinition ist entscheidend dafür, ob eine agile 5S-Umsetzung erfolgreich ist.

Agile Methoden und Scrum bieten auch bei der Umsetzung von 5S hilfreiche Lösungen, wie z. B. die Anwendung von Team-Boards für aktive Verbesserungsmaßnahmen in Phase 5 – Selbstdisziplin. Die Einführung eines Team-Boards hat in der Praxis den Vorteil gezeigt, dass sich die Mitarbeiter in der Beteiligung von aktiven Verbesserungsmaßnahmen ernst genommen und wertgeschätzt fühlten. Zudem fördert es die agilen Prinzipien "Selbstorganisation" und "Eigenverantwortung" und damit auch Phase 5 von 5S, die Selbstdisziplin. Dies aus dem Grund, da der Prozess der Themenbearbeitung für alle Beteiligten transparent und nachvollziehbar gemacht wird. In Bild 13 ist beispielhaft ein Team-Board dargestellt.

Im Themenvorrat werden die Verbesserungsmaßnahmen eingetragen. Die Karte ist versehen mit dem konkreten Thema, das verändert werden soll, Name des Themengebers, Datum und Name des Verantwortlichen zur Umsetzung. Sobald das Thema bearbeitet wird, wird die Karte in das Feld „In Bearbeitung“ verschoben. Während des 5S-

Audits und der 5S-Rundgänge werden die Themen überprüft. Entweder sind diese bereits erfolgreich umgesetzt oder es bedarf einer nochmaligen Überprüfung. Je nach Status wird die jeweilige Karte in das entsprechende Feld geschoben.

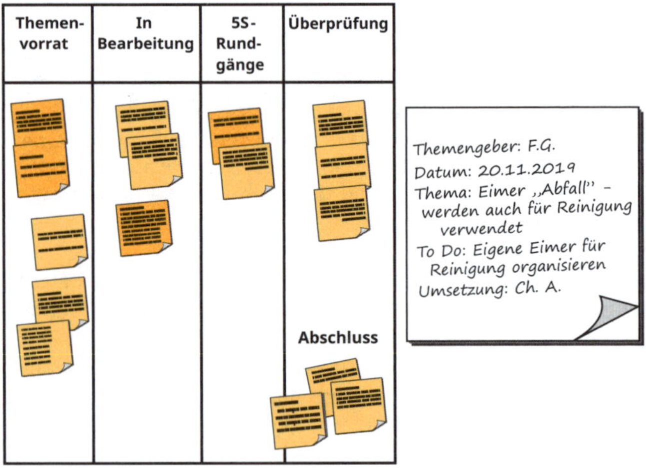

Bild 13: Beispielhafte Darstellung eines Team-Boards und einer Beispielkarte für Verbesserungsmaßnahmen bei einem Sondermaschinenhersteller

Das Intervall der 5S-Rundgänge liegt idealerweise zwischen zwei und vier Wochen. Die Einteilung der Phasen im Teamboard "Themenvorrat", "In Bearbeitung", "5S-Runde", "Überprüfung", "Abschluss", wie in Bild 13 dargestellt, können je nach Anforderung entsprechend angepasst werden. Das Team-Board kann z. B. als einfaches Flipchart oder Whiteboard in den Info-Ecken der produktiven, logistischen sowie administrativen und Dienstleistungsbereiche platziert werden. Alternativ besteht die Möglichkeit, auch digitale Team-Boards, die zur Bearbeitung und Dokumentation verwendet werden können, einzusetzen.

!

Nachhaltige Einführung von 5S, von Hirano im Buch *5S for Operators* (1998):

1. Der Geschäftsführer ist letztendlich der Verantwortliche – diese Funktion kann nicht delegiert werden!
2. Jede 5S-Maßnahme benötigt offizielle Befugnisse zur Umsetzung – informell funktioniert das nicht!
3. Alle müssen dabei sein und mitmachen – eine nachhaltige Einführung funktioniert nur mit allen Mitarbeitern!
4. Immer wieder erklären und trainieren – jeder muss den Sinn von 5S verstanden haben!
5. Hartnäckig und akribisch bleiben!
6. Schnell und konsequent beim Markieren und Beschildern sein!
7. Das Topmanagement soll in 5S-Rundgänge eingebunden werden!
8. 5S ist entscheidend für die Weiterentwicklung und das Überleben des Unternehmens!

6 Praktische Umsetzung und Hilfsmittel

Die praktische Umsetzung der fünf Phasen von 5S in einem Arbeitsbereich beinhaltet eine Vorbereitungsphase, gefolgt von den fünf Phasen mit zugehörigen Aktivitäten, sowie eine Nachbereitungsphase, die im Rahmen der Phase 5 "Selbstdisziplin" weitergeführt wird. In den Phasen gibt es bestimmte Hilfsmittel, welche die Aktivitäten unterstützen. Die Aktivitäten können dabei in Workshops und Gruppenarbeiten durchgeführt werden. Eine Übersicht der möglichen Gruppenarbeiten ist in Tabelle 6 dargestellt.

Tabelle 6: Übersicht Gruppenarbeiten

5S-Phasen	Nr. Gruppenarbeit	Thema
Sortieren	1	Trennung Notwendiges – nicht Notwendiges
Systematisieren	2	Den guten Platz finden
Sauberkeit	3	Grundreinigung durchführen
Standardisieren	4	One-Page-Standard
Selbstdisziplin	Diese Phase wird gemeinsam mit dem jeweiligen Verantwortlichen des Arbeitsbereichs durchgeführt.	

6.1 Vorbereitungen

Als eine der ersten Vorbereitungsaktivitäten muss das gesamte Unternehmen in Arbeitsbereiche aufgeteilt werden. Dabei ist es wichtig, dass die Grenzen der einzelnen Arbeitsbereiche eindeutig definiert und in einem Gebäudeplan des Unternehmens eingezeichnet und dokumentiert werden.

Dies betrifft auch sogenannte "Allgemeinbereiche", wie z. B. Kellerräume, Räume für Büromaterial, Showrooms, Außenanlagen, die häufig keine eindeutige Verantwortungszuordnung besitzen. Zur Vermeidung von Unklarheiten empfiehlt es sich, die Arbeitsbereiche identisch mit den organisatorischen Einheiten im Unternehmen einzuteilen.

Sobald Arbeitsbereiche definiert sind, müssen folgende Vorbereitungen getroffen werden:

- Art der Einführung festlegen (gestaffelt, organisch, kompakt oder agil),
- Pilotbereich auswählen,
- Projektpläne auf Basis der vier Planungsebenen erstellen, vom übergeordneten Umsetzungsplan bis zu den Detailplänen,
- organisatorische Akzeptanz bei den Linienführungskräften und Mitarbeitern sicherstellen.

! Der Pilotbereich, also der Arbeitsbereich, in dem 5S zuerst eingeführt wird, sollte sorgfältig ausgewählt werden. Es gibt hierfür grundsätzlich zwei Ansätze: (1) ein Arbeitsbereich mit einem hohen Verbesserungspotenzial oder (2) der Arbeitsbereich, in dem sich die Umsetzung voraussichtlich am einfachsten durchführen lässt. Wir raten zum zweiten Ansatz, da dies einen guten Anfang ermöglicht und die Organisation und die Schlüsselpersonen dadurch wertvolle Erfahrungen sammeln können. Ein erfolgreich eingeführter Pilotbereich eröffnet auch die Chance, mögliche Widerstände anderer Arbeitsbereiche erst gar nicht entstehen zu lassen.

Der Kick-off für die 5S-Umsetzung ist eine Informationsveranstaltung für die Führungskräfte aller Ebenen. Dort werden die fünf Phasen erklärt und auch Hintergrundinformationen vermittelt. Danach kann die Umsetzung von 5S im Pilotbereich starten (Bild 14).

Bild 14: 5S-Training in einem Produktionsbereich (Quelle: WIBERG GmbH)

!

Vor dem ersten Termin im jeweiligen Arbeitsbereich lohnt es sich, die definierten Räumlichkeiten aufzusuchen, um den aktuellen Status von Ordnung und Sauberkeit aufzunehmen. Wichtig ist dabei, Fotos von den Räumlichkeiten und von „besonderen 5S-Herausforderungen“ zu machen. Dies dient zum einen zur Vorbereitung für den 5S-Koordinator und seinem Team und zum anderen zu Dokumentationszwecken, um den „Vorher-nachher-Effekt“ besser zur Geltung zu bringen.
Zudem sollten mögliche Widerstände und Probleme innerhalb des Arbeitsbereichs aus Sicht des Linienverantwortlichen besprochen werden.

6.2 Praktische Umsetzung der Phasen

Phase 1 – Sortieren

Der Erfolg einer Umsetzung von 5S hängt wesentlich davon ab, wie die erste Phase im jeweiligen Arbeitsbereich erlebt wird. Daher ist eine aktive und motivierende Gruppenarbeit ein wichtiges Element.

Beim Sortieren wird jeder Winkel des Arbeitsbereichs genau unter die Lupe genommen, auch jene Räumlichkeiten, die selten betreten oder genutzt werden. Alle Gegenstände im Arbeitsbereich werden in die Hand genommen und entsprechend der Aufgabe, Notwendiges von nicht Notwendigem zu trennen, geprüft. Diese Aktivitäten eignen sich gut für eine Gruppenarbeit (Bild 15).

Gruppenarbeit 1
Trennung Notwendiges – nicht Notwendiges

Wird der Gegenstand im Arbeitsbereich benötigt?
Wo wird der Gegenstand benötigt?
Von wem wird dieser Gegenstand benötigt?
Wann wurde der Gegenstand das letzte Mal benötigt?
Wie oft wird der Gegenstand in Zukunft benötigt?
Wird dann dieser Gegenstand verwendet oder doch neu gekauft?

Bild 15: Gruppenarbeit zum Sortieren der 5S-Bereiche

! Wenn Anlagegüter, geringwertige Wirtschaftsgüter oder auch Möbel entsorgt werden, so muss dabei eine Abstimmung mit der Buchhaltung oder Finanzabteilung erfolgen, um eine korrekte Ausbuchung zu gewährleisten und mögliche Bestandslisten aktuell zu halten.

Die Entscheidung, ob Gegenstände benötigt werden oder nicht, trifft die Gruppe gemeinsam. Notwendige Gegenstände werden im Arbeitsbereich belassen und nicht notwendige Gegenstände in Abfall und Quarantänegegenstände unterschieden. Letztere werden mit einem Red Tag (Bild 16 links) gekennzeichnet und, wenn praktisch möglich, in einen Quarantänebereich gebracht (Bild 16 rechts). Alles, was nicht notwendig ist und keinen Wert besitzt, wird weggeworfen. Abfall wird sofort entsprechend den Vorgaben für Wertstofftrennung entsorgt.

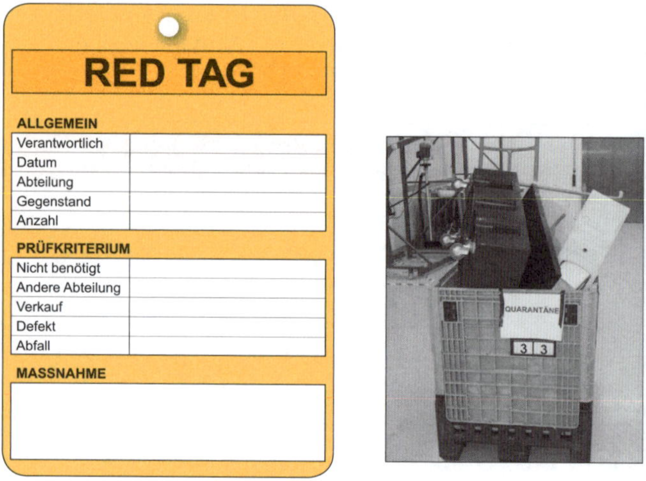

Bild 16: Red-Tag-Karte und Beispiel eines Quarantänebereichs nach Durchführung von Phase 1 (Quelle: WIBERG GmbH)

> **!**
>
> Plätze für Abfall und Quarantäne müssen definiert und entsprechend gekennzeichnet werden. Um Abfall und Quarantänegegenstände nach der Gruppenarbeit einfacher transportieren zu können, eignen sich Paletten oder auch Gitterboxen.

Nach etwa einer Woche entscheiden die Linienführungskräfte gemeinsam mit den Mitarbeitern des jeweiligen Arbeitsbereichs über die weitere Verwendung der Gegenstände im Quarantänebereich. Typischerweise werden diese entweder entsorgt, verschenkt, verkauft oder an eine andere Abteilung übergeben. Größere Gegenstände, die nicht sofort entsorgt werden können, werden mit einer Red-Tag-Karte gekennzeichnet und als Abfall markiert. Die weitere Verwendung der Quarantänegegenstände muss bis zum Start von Phase 2 entschieden sein.

Eine einfache und effektive Regel für den Quarantänebereich ist, dass benötigte Gegenstände aus dem Quarantänebereich genommen werden dürfen. Gegenstände, die während des Arbeitsalltags keine Verwendung finden, dürfen ebenfalls in den Quarantänebereich gegeben werden. Nach ein paar Tagen werden weitere Verwendungsmöglichkeiten der übrigen Gegenstände des Quarantänebereichs beschlossen.

Nach Abschluss von Phase 1 sind die Arbeitsbereiche aufgeräumt und nur noch jene Gegenstände vorhanden, die für die tägliche Arbeit auch tatsächlich notwendig sind.

Phase 2 – Systematisieren

Phase 2 ist die kreativste Phase von 5S, birgt jedoch auch die größten Herausforderungen. In dieser Phase wird der tatsächliche Veränderungsprozess gestartet, da nun begonnen wird, die bisherigen Arbeitsweisen zu hinterfragen und neu zu ordnen. Alles Notwendige, das im Rahmen von Phase

1 im jeweiligen Arbeitsbereich belassen wurde, muss nun praktisch und gut platziert sowie strukturiert werden. In der weiteren Abfolge werden die definierten Plätze dann entsprechend beschriftet und markiert (Bild 17). Der jeweilige Markierungsstandard, wie z. B. Schriftgröße und Farbe des Markierungsbandes, wird üblicherweise vom 5S-Koordinator vorgegeben.

Bild 17: Vor und nach der Umsetzung von „Systematisieren" (Quelle: WIBERG GmbH)

Die Hauptarbeit liegt darin, eine entsprechende Organisation und Struktur zu finden, die es erlauben, Gegenstände einfach und schnell wiederzufinden. Auch werden in dieser Phase gute Lösungen für Probleme in den Arbeitsbereichen erarbeitet. Die Kriterien sind, dass die Lösung „einfach" und „für möglichst viele Personen geeignet" ist. Des Weiteren soll die gute Lösung die Komplexität reduzieren. In einer Gruppenarbeit (Bild 18) werden die entsprechenden Plätze definiert.

Gruppenarbeit 2 Den guten Platz finden
Besuche die entsprechenden Arbeitsbereiche.
Wo ist der praktische und gute Platz für sämtliche Gegenstände?
Wie sollen die Maschinen, Anlagen und Gegenstände geordnet werden? Mache Notizen oder eine Skizze, um die wichtigsten Punkte in Erinnerung zu rufen.
Wo finden die Gegenstände in Schränken, Regalen etc. ihren guten Platz?
Wie sollen die definierten Plätze beschriftet und markiert werden?
Wie ist die gute Lösung für Hilfsmittel zur Reinigung, wie z.B. Besen, Staubsauger und Mülltonnen?
Fehlen weitere Werkzeuge oder Hilfsmittel, welche für ein effizientes Arbeiten benötigt werden?

Bild 18: Gruppenarbeit zur Systematisierung der notwendigen Gegenstände

! Alle Gegenstände werden so platziert, dass möglichst kurze Wege zurückgelegt werden müssen und unnötige Wege reduziert oder ganz vermieden werden.

Gegenstände, die häufig verwendet werden, gehören in Griffhöhe platziert. Weniger oft benötigte Gegenstände werden in den oberen oder unteren Bereichen von Regalen, Schränken etc. gelagert. Der 5S-Koordinator muss bei der Umsetzung darauf achten, dass die Gegenstände in der richtigen Menge, im richtigen Abstand und in richtiger Höhe angeordnet werden. Alle Gegenstände, die nicht in einem Schrank oder Regal aufbewahrt werden, müssen einen fixierten Platz erhalten. Werkzeugtafeln oder andere Hilfsmaßnahmen können verwendet werden, um den Platz sichtbar zu machen. Die erarbeiteten Systematisierungen müssen den Bestimmungen der Arbeitssicherheit entsprechen. Die Plätze werden im Anschluss entsprechend provisorisch markiert. Die endgültige Markierung wird in Phase 4 durchgeführt. Damit bleibt Zeit, den besten Platz im operativen Tagesgeschäft zu überprüfen und gegebenenfalls anzupassen.

Damit die notwendigen Reparaturarbeiten und Verbesserungsvorschläge so schnell als möglich umgesetzt werden können, müssen die Aktivitäten mit der Instandhaltungsabteilung koordiniert werden. Idealerweise wurden bereits vorab entsprechende Ressourcen von der Instandhaltungsabteilung bereitgestellt.

In der Praxis hat sich zudem die Vorgabe von typischen Materialien zur Systematisierung bewährt, welche bestellt werden können. Typische Gegenstände sind z. B. Schränke, Haken, Werkzeugwagen, Regale etc. (Bild 19).

> **!** Ein zusätzlicher Workshop zur Überprüfung der Fertigstellung der Aktivitäten kann an dieser Stelle vorteilhaft sein. Einige oder alle Mitarbeiter des Arbeitsbereichs überprüfen gemeinsam mit dem 5S-Koordinator, dass alles sortiert und systematisiert ist. Die Ergebnisse werden allen Mitarbeitern des Arbeitsbereichs vorgestellt, damit noch fehlende Themen zur Erledigung aufgenommen werden können.

Bevor mit Phase 3 – Sauberkeit – gestartet wird, müssen die Aktivitäten, die in den Gruppenarbeiten beim Systematisieren erarbeitet wurden, fertiggestellt sein. Zusammenfassend sind das:

- Alle Gegenstände haben ihren definierten Platz, und die definierten Flächen sind zumindest provisorisch markiert.

- Fehlende Hilfsmittel, die noch zusätzlich benötigt werden, sind bestellt.

> **!** Um zukünftige Reinigungsarbeiten zu erleichtern, müssen Flächen und Fußböden frei von Gegenständen sein. Zum Beispiel Mülltonnen auf mobile Transportwagen stellen, Reinigungsgeräte an Wandvorrichtungen aufhängen, IT-Geräte in Regale stellen etc.

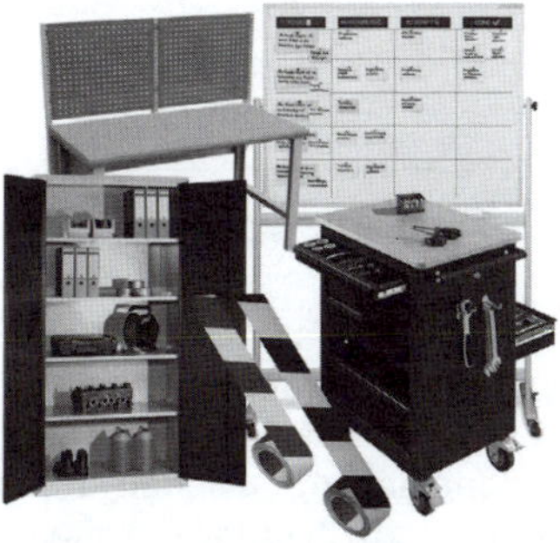

Bild 19: Auswahl typischer Materialien zum Systematisieren (Quelle: Kaiser+Kraft AG)

Phase 3 – Sauberkeit

Durch die bereits erarbeitete Ordnung in den Arbeitsbereichen werden bei der Umsetzung der Phase „Sauberkeit" verschmutzte Anlagen und Maschinen, Ursachen für Schmutz und Staub, fehlerhafte Teile, kaputte Böden und Wände sichtbar. Eine Übersicht darüber, was und wie gereinigt, repariert oder neu gekauft werden muss und wie dies auch nachhaltig in einem dauerhaft guten Zustand gehalten werden kann, lässt sich in einer Gruppenarbeit erstellen (Bild 20).

Gruppenarbeit 3 Grundreinigung
Für welche Arbeitsbereiche, Maschinen und Anlagen, Regale, Schränke etc. soll eine Grundreinigung durchgeführt werden?
Von wem kann die Grundreinigung durchgeführt werden?
Wie können in Zukunft Staub, Schmutz und Unordnung vermieden werden? Suche nach einfachen Möglichkeiten.

Bild 20: Gruppenarbeit zur Vorbereitung der Grundreinigung

Die Grundreinigung findet an allen notwendigen Maschinen und Anlagen, Arbeitsplätzen, Flächen, Böden etc. statt. Manchmal ist es notwendig, Böden, Decken und Wände zu streichen oder umfassendere Renovierungsarbeiten durchzuführen. Diesbezüglich ist darauf zu achten, die jeweils passenden Reinigungsmittel und -materialien verfügbar zu haben. Je nach Ist-Zustand kann dies ein sehr großer Aufwand und zeitintensiv sein.

Nach der Grundreinigung werden Maschinen und Anlagen nochmals detailliert inspiziert, um eventuellen Wartungsbedarf zu identifizieren und die sich daraus ergebenden Arbeiten bzw. Reparaturen anzustoßen und durchzuführen.

! Möglicherweise gibt es Arbeitsbereiche, die einer besonderen Reinigung bedürfen, wie z. B. Förderstrecken, automatisierte Anlagen und Kühlanlagen. Auch hier wird eine Grundreinigung vorgenommen und eine Reinigungsanweisung mit der verantwortlichen Technikabteilung erarbeitet und abgestimmt.

Phase 4 – Standardisieren

Während der Einführung von 5S ist es wichtig, einfache Regeln, Richtlinien und Verfahren für Reinigung, Ordnung und Sauberkeit zu erarbeiten, die das Zusammenarbeiten in den Arbeitsbereichen sowohl fördern als auch organisieren (Bild 21). Das soll dem Verhalten entgegenwirken, wieder in altbewährte Muster zu verfallen. Das Ergebnis sind standardisierte Lösungen, möglichst bereichs- und abteilungsübergreifend, zu folgenden Fragestellungen:

- Wie werden Reinigungen durchgeführt und in welchen zeitlichen Abständen?
- Mit welchen Hilfsmitteln wird gereinigt und in welchen Arbeitsbereichen?
- Welche Vorgaben gibt es zur Markierung von Plätzen und Stellflächen?
- Welche optischen Hilfsmittel und Checklisten können die dauerhafte Anwendung der Standards unterstützen?
- Wie sollen die Bereichslager, Werkbänke und Maschinen dauerhaft organisiert werden?

! In der Umsetzung haben sich zudem die bildliche Darstellung der Regeln, Richtlinien und Verfahren, z. B. durch Hinweisschilder, Symbole und sogenannte One-Page-Standards, bewährt.

Bild 21: Standardisierter Produktionsbereich (Quelle: WIBERG GmbH)

Das Ergebnis der Arbeit mit Regeln, Richtlinien und Verfahren für Reinigung, Ordnung und Sauberkeit muss jetzt in die Prozessbeschreibungen des Arbeitsbereichs eingearbeitet werden. Dabei wird üblicherweise ein sogenannter One-Page-Standard erstellt. Ziel eines One-Page-Standards ist es, die Zusammenarbeit zu fördern und den erarbeiteten Standard sicherzustellen. Es ist eine DIN-A4- oder DIN-A3-seitenlange Beschreibung von Spielregeln, die in diesem Arbeitsbereich gelten und an die sich alle Mitarbeiter zu halten haben. Neben textlichen Beschreibungen sind Fotos des Soll-Zustands oder andere Visualisierungen vorteilhaft.

! Besonders in dieser Phase wird es spürbare Veränderungen geben, da die Mitarbeiter bisherige „Königreiche“ und Komfortzonen verlassen müssen. Die erarbeiteten Standards und Vereinbarungen gelten für alle Mitarbeiter.

Für jeden One-Page-Standard wird für die Einhaltung ein Hauptverantwortlicher definiert. Die Umsetzung hingegen muss von allen Mitarbeitern vorgenommen werden, und Abweichungen werden von den verantwortlichen Mitarbeitern kommuniziert. Ausgewählte Geltungsbereiche für One-Page-Standards können beispielsweise sein: Schränke und Regale in Allgemeinbereichen, Maschinen oder soziale Räumlichkeiten. Der inhaltliche Aufbau der One-Page-Standards lässt sich gut in Gruppenarbeiten erstellen. Bild 22 zeigt beispielhaft mögliche Fragestellungen.

Gruppenarbeit 4
One-Page-Standards

In welchen Arbeitsbereichen soll ein One-Page-Standard eingeführt werden?
Welche Inhalte sollen auf dem One-Page-Standard dargestellt werden?
Wer zeichnet sich für den jeweils ausgewählten Bereich verantwortlich? Wer ist die Vertretung oder der Verantwortliche im Schichtbetrieb?
Wie kann bildhaft dargestellt werden, wie der Arbeitsbereich – auch in Zukunft – auszusehen hat?

Bild 22: Gruppenarbeit zur Erstellung von One-Page-Standards

In der Praxis hat sich gezeigt, dass Standards die Orientierung und Strukturierung von Themen erleichtern. Ein Standard wird zuerst in der Gruppe festgelegt und anschließend für ein bis zwei Wochen im operativen Betrieb getestet. Wenn der Standard das Kriterium „gute Lösung“ erreicht hat, wird er als One-Page-Standard festgehalten. Idealerweise sollte die Darstellung in DIN A4 oder DIN A3 erfolgen und an einem geeigneten und sichtbaren Platz ausgehängt werden (Bild 23).

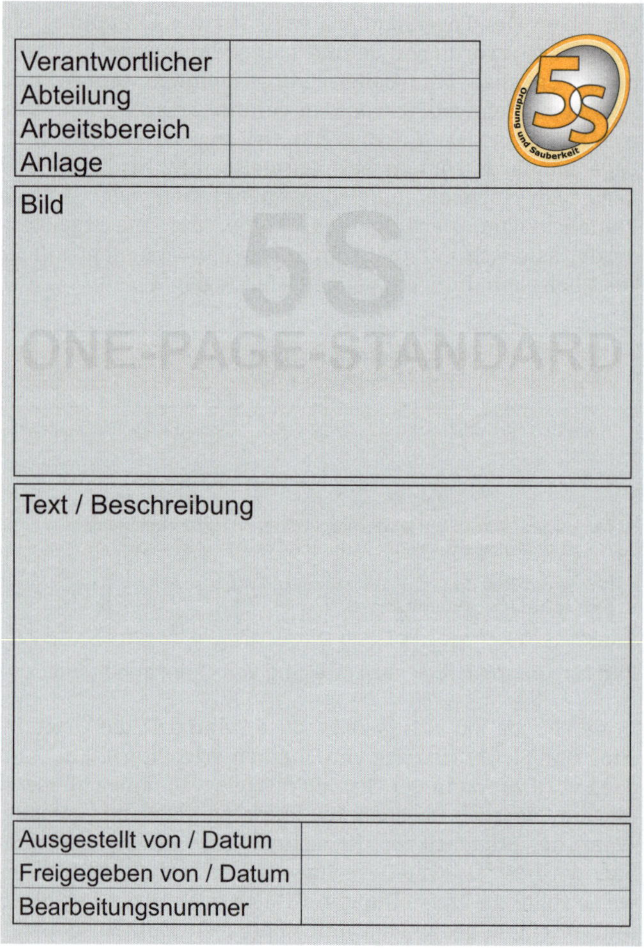

Verantwortlicher	
Abteilung	
Arbeitsbereich	
Anlage	

Ausgestellt von / Datum	
Freigegeben von / Datum	
Bearbeitungsnummer	

Bild 23: Vorlage One-Page-Standard. Diese Vorlage steht unter http://www.5s-lab.de zum Download zur Verfügung.

Während Phase 4 werden, wo es notwendig ist, auch optische Hilfsmittel und Checklisten erarbeitet. Beispielsweise die Einführung von Bodenmarkierungen von Fahr-, Geh- und Stellflächen, Bereichs- und Platzbeschilderungen, Checklisten für das Bedienen von Maschinen und Anlagen und Informationstafeln. Zudem werden die in Phase 2 probeweise vorgenommenen Beschriftungen finalisiert.

Phase 5 – Selbstdisziplin

In der fünften Phase wird anhand einer Art 5S-Probezertifizierung überprüft, welches Niveau von Ordnung und Sauberkeit erreicht worden ist, ob alle Hauptaktivitäten von 5S umgesetzt wurden und ob weitere Verbesserungen notwendig sind. Etwa eine Woche nach der Probezertifizierung folgt dann das 5S-Audit, das nach demselben Prinzip abläuft. Der 5S-Koordinator und der jeweils Verantwortliche aus dem Arbeitsbereich nehmen gemeinsam die Begehung vor. Die ersten Bewertungen führt der 5S-Koordinator selbst durch, eventuell sogar mit dem jeweiligen Abteilungsleiter und der Geschäftsführung. Der Bewertungsbogen wird, wie in Tabelle 7 dargestellt, im Anschluss ausgewertet und dem jeweiligen Verantwortlichen zur Verfügung gestellt sowie an der Informationstafel veröffentlicht, um alle beteiligten Mitarbeiter entsprechend zu informieren.

! Ein 5S-Zertifikat oder -Diplom (Bild 24) wird vonseiten des Unternehmensmanagements und der 5S-Organisation im Rahmen einer Veranstaltung mit allen Mitarbeitern überreicht. Idealerweise erfolgt die Übergabe durch die Geschäftsführung zusammen mit dem 5S-Koordinator und schließt einen kleinen Rückblick auf das gemeinsam Erreichte mit ein. Wenn alle Arbeitsbereiche ihr 5S-Zertifikat erhalten haben, ist die Einführung offiziell abgeschlossen.

Tabelle 7: Vorlage 5S-Bewertungsbogen

5S-DIPLOM-BEWERTUNGSBOGEN

Datum:	**Abteilung:**	
Begutachter:		Durchschnitt **2,0**

1 = sehr gut **2 = gut** **3 = befriedigend** **4 = nicht befriedigend** **5 = starke Abweichungen**

5S	Nr.	Beurteilungsgegenstand	Beschreibung	Note					Kommentar
				1	2	3	4	5	
Sortieren	1	Arbeitsmaterialien und -gegenstände	Gibt es Arbeitsmaterialien und -gegenstände, welche nicht mehr benötigt werden?		2				
	2	Maschinen und Arbeitsgeräte	Gibt es Maschinen und Arbeitsgeräte, welche nicht mehr benötigt werden?	1					
	3	Werkzeuge und Ersatzteile	Gibt es Werkzeuge und Ersatzteile, welche nicht mehr benötigt werden?			3			
	4	Unterlagen	Gibt es Unterlagen, welche nicht mehr benötigt werden?	1					
	5	Quarantänebereich	Sind noch Waren im Quarantänebereich?		2				
			Note			1,8			
Systematisieren	6	Markierungen	Sind Regale und Schränke markiert?		2				
	7	Platzdefinition	Haben Arbeitsmat. ihren def. Platz in Fächern, Schubladen, Schränken u. sind diese markiert?		2				
	8	Bestandsbereiche	Sind Warenbestände und Materialbestände markiert?			3			Nicht konsequent durchgeführt
	9	5S-Materialbestellungen	Sind benötigte Werkzeuge/Regale etc. geliefert und installiert?		2				
	10	Reinigungsmaterial	Ist das Reinigungsmaterial (Besen, Staubsauger, Mülltonnen) gut organisiert?		2				
			Note			2,2			
Sauberkeit	11	Grundreinigung	Ist die Grundreinigung erfolgt?		2				
	12	Boden	Ist der Boden frei von Schmutz, Wasser, Fett und Ölrückständen?		2				
	13	Maschinen und Arbeitsgeräte	Sind die Maschinen sauber und frei von Schmutz, Fett und Ölrückständen?	1					
	14	Verantwortlichkeit und Reinigungszyklus	Ist die Verantwortlichkeit für die Reinigung klar und werden die Reinigungen ausreichend durchgeführt?		2				
	15	Reparatur von beschäd. Gegenständen	Wurden beschädigte Arbeitsgeräte, Werkzeuge, Wände etc. repariert?	1					
			Note			1,6			
Standardisieren	16	Die ersten vier 5S	Sind die ersten vier 5S im Einsatz?			3			
	17	Ursachen von Staub	Wurden die Ursachen von Staub identifiziert und reduziert?			3			
	18	Verbesserungsvorschläge	Gibt es einen vereinbarten und strukturierten Weg, um Verbesserungsvorschläge zu erhalten?				4		
	19	Kontinuierliche Verbesserungsvorschläge	Gibt es einen vereinbarten und strukturierten Weg für kontin. Verbesserungsvorschläge?				4		
	20	One-Page-Standard	Sind One-Page-Standards eingeführt und in Gebrauch?	2					
			Note			3,2			
Selbstdisziplin	21	Training	Sind alle Mitarbeiter in 5S geschult?	1					
	22	5S-Rundgänge	Gibt es einen definierten Zeitplan für die 5S Runden in den Abteilungen?		2				
	23	Arbeitsmaterialien und -gegenstände	Sind Arbeitsmaterialien und -gegenstände am def. Platz und innerhalb der def. Markierungen?			3			
	24	One-Page-Standard	Sind die One-Page-Standards aktuell und gibt es regelmäßige Updates?	1					
	25	Informationstafel	Ist der Inhalt der Informationstafel aktuell?	1					
			Note			1,4			

Anmerkungen allgemein

One-Page-Standards sind vorbildlich!
Bitte Standard halten und weiterhin an Verbesserungen arbeiten!

Bild 24: Vorlage 5S-Zertifikat/5S-Diplom. Diese Vorlage steht unter http://www.5s-lab.de zum Download zur Verfügung.

Ein wichtiges Instrument, um das 5S-Niveau zu halten und kontinuierlich weiterzuentwickeln, ist die Einführung von 5S-Rundgängen. Zu Beginn empfiehlt sich ein Zeitraum von zwei Wochen, in dem die jeweiligen Arbeitsbereiche begutachtet werden. Je mehr 5S zur Gewohnheit wird, desto größer können die Abstände zwischen den Begutachtungszeiträumen werden. Auch bei den 5S-Rundgängen empfiehlt es sich, einen Bewertungsbogen als Fortsetzung zum 5S-Zertifikat zu nutzen. Dieser stellt die Dokumentation von Abweichungen, aber auch die Verbesserungen im jeweiligen Arbeitsbereich sicher. Die entsprechenden Ergebnisse werden an der Informationstafel ausgehängt.

Während der 5S-Rundgänge ist es möglich, praktische Lösungen zu Standardisierungen, Arbeitsmaterialien und Optimierungen der Arbeitsumgebung einzubringen.

In der Praxis hat sich eine genaue Beschreibung der guten Lösung bewährt (Bild 25).

Bild 25: Vorlage zur genauen Beschreibung der guten Lösung bei einem Spezialmaschinenhersteller

Zusammenfassend die wichtigsten Zielsetzungen der 5S-Rundgänge:

- Sicherstellung eines hohen Standards an Ordnung und Sauberkeit,
- alle Mitarbeiter für 5S motivieren,
- organisierte und standardisierte Arbeitsbereiche schaffen,
- alle Mitarbeiter in die neue Arbeitskultur einbeziehen,
- an kontinuierlichen Verbesserungen arbeiten.

5S wird so lange trainiert und erklärt, bis jeder Mitarbeiter das Konzept und die Gedanken verstanden und verinnerlicht hat. Für neue Mitarbeiter im Unternehmen werden vom 5S-Koordinator Trainings durchgeführt. Diese können sowohl kleinere Zeiteinheiten im Rahmen von Einführungsprogrammen sein als auch intensivere Trainings direkt am Arbeitsplatz des Mitarbeiters. Wichtig ist, dass sowohl die Linienführungskräfte der Arbeitsbereiche als auch der 5S-Koordinator sich aktiv und fortwährend für 5S einsetzen, um ein hohes Niveau an Ordnung und Sauberkeit zu erhalten und dieses ständig zu verbessern (Bild 26).

Bild 26: Hohes Niveau von Ordnung und Sauberkeit (Quelle: Aarbakke AS)

In der Praxis hat sich zur erfolgreichen Begleitung der 5S-Rundgänge das im Lean Management von Toyota entwickelte und praktizierte Verbesserungs-Kata bewährt. Dabei wird Kata als ein Führungsansatz verstanden, alle beteiligten Personen zu befähigen, an diesen Verbesserungen ständig zu arbeiten. Im Pocket Power *Kata* wird dies näher beschrieben. Weiterhin bieten sich Besprechungen, Arbeitskreise und Qualitätszirkel an, um dauerhaft unterstützend an Standardisierungen und Verbesserungen zu arbeiten.

Zur Dokumentation und Visualisierung der kontinuierlichen Verbesserung in einem Arbeitsbereich benutzen einige Unternehmen Vorher-nachher-Fotos (siehe Bild 27) bzw. Kaizen-Dokumentationen.

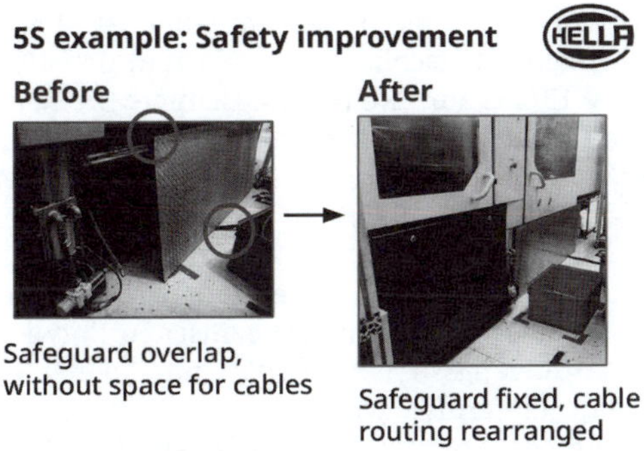

Bild 27: Dokumentation eines Vorher-nachher-Zustands (Quelle: HELLA GmbH & Co. KGaA)

In einigen Unternehmen hat man im Rahmen der Teamorganisation auch einen 5S-Selbstbewertungsbogen eingeführt (Eine Vorlage steht unter http://www.5s-lab.de zum Download zur Verfügung). Dieser hilft zur einfachen Selbsteinschätzung hinsichtlich des Umsetzungsgrads der Phasen von 5S und des allgemeinen Niveaus von Ordnung und Sauberkeit.

Die Erfahrungen während einer 5S-Einführung werden in den Praxisbeispielen in den Kapiteln 4 und 7 anhand einer praktischen Umsetzung in der Baustoff- und Lebensmittelindustrie beschrieben.

7 Praxisbeispiel 2: 5S in der Lebensmittelindustrie

Die WIBERG GmbH ist ein marktführendes, international agierendes Unternehmen der Lebensmittelindustrie mit Werken in Österreich, Deutschland, Kanada und den USA. Seit 2016 gehört WIBERG zur FRUTAROM-Gruppe. Die Kernzielgruppen Fleischwarenproduzenten und Gastronomie werden mit Kräutern, Gewürzen und Gewürzmischungen sowie verschiedenen, zum Großteil weiterverarbeiteten Handelswaren, wie z. B. Essigen, Ölen und Wursthüllen, beliefert. Kernkompetenzen liegen in der hohen Qualität der eingesetzten Rohstoffe, in der kundenspezifischen Entwicklung von regional angepassten Produkten und in der oft sehr kurzfristigen Lieferung weltweit. Der Exportanteil beträgt ca. 80 %, und geliefert wird in 79 Länder. Mit gut 800 Mitarbeitern erzielte das Unternehmen im Jahr 2017 einen Umsatz von ca. 231 Millionen Euro (FRUTAROM Savory Solutions Austria GmbH 2020). Die Firma gilt als einer der Qualitäts- und Innovationsführer in der Branche.

Im Jahr 2008 wurde der Umzug in ein hochmodernes, stark automatisiertes Gewürzwerk vollendet. Die Prozesse haben sich dadurch grundlegend verändert und somit auch die Anforderungen an die Mitarbeiter. Nach der Anlaufphase und Stabilisierung stellte sich die Frage, wie die neue Infrastruktur optimal nutzbar gemacht werden kann: mit kurzfristigen Produktivitätssteigerungsprojekten oder mit längerfristig angedachten Konzepten aus dem Lean Management?

Nach eingehender interner Diskussion sowie mit Benchmarking-Partnern und Beratern wurde die Entscheidung getroffen, sich auf die „etwas längere Reise“ zu exzellenten Produktionsstandorten zu begeben. Über das Konzept des Lean Managements führte der Weg zu 5S. Entscheidend war, dass das Konzept die Möglichkeit bietet, alle Personen im Unternehmen zu beteiligen, nachhaltige Verbesserungen zu erreichen und gemeinsam weitere methodisch unterstützte Schritte zu einem „schlanken“ Unternehmen zu gehen. Die ersten Trainings, der Kick-off und die Umsetzung in zwei Pilotbereichen wurden mit der Unterstützung eines Beraters gemeinsam mit dem 5S-Koordinator durchgeführt (Bild 28). Dies hatte den Vorteil der Anwendung einer erprobten Einführungsmethodik. Ferner wurden Pilotbereiche ausgewählt, von denen sofort sichtbare Erfolge erwartet wurden. Durch die nutzbringende Umsetzung von 5S in den Pilotbereichen konnte in späteren Arbeitsbereichen dem Argument entgegengewirkt werden, dass 5S in anderen Arbeitsbereichen nicht funktionieren würde.

Bild 28: Engagierter Workshop in einem Arbeitsbereich

Das Konzept wurde in Deutschland und Österreich in der Produktion, Logistik und in produktionsnahen Abteilungen, wie Technik, IT, Instandhaltung, Werkstätten, Facility Management und im Labor, sowie in den Büro- und administrativen Bereichen umgesetzt. Alle Abteilungen durchliefen in einem Zeitraum von jeweils zwei Monaten die einzelnen Phasen von 5S. Bereits die ersten beiden Phasen zeigten vor allem optisch sichtbare Ergebnisse, sodass sowohl Führungskräfte als auch Mitarbeiter engagiert und motiviert an der nächsten Phase arbeiteten. Nach Abschluss der Produktions- und Logistikbereiche konnten in weiteren sechs Monaten alle unterstützenden Arbeitsbereiche in die 5S-Aktivitäten eingebunden werden. Außerdem wurde die Einführung von 5S in den Bürobereichen begonnen und an einer effizienten Organisation der Arbeitsbereiche gearbeitet. Ein Nebeneffekt war, dass für langjährige grundsätzliche Themen, wie Teamarbeit und Schnittstellenprobleme, jedoch auch für viele Führungsthemen gute Lösungen gefunden werden konnten.

Die Vorteile aus der Einführung von 5S haben darin bestanden, dass an den Arbeitsplätzen nun weitestgehend störungsfrei gearbeitet werden konnte. Dies wiederum führte zu einer erhöhten Effizienz und Arbeitszufriedenheit: Werkzeuge, Arbeitsutensilien und Arbeitsmaterialien haben ihren definierten und markierten Platz. Demzufolge hatte sich die Arbeitsqualität erheblich gesteigert, da die benötigten Werkzeuge und Materialien griffbereit benutzt werden konnten. Ferner wurde festgestellt, dass es weniger Diskussionen über Schnittstellenbereiche gab, da gemeinschaftlich genutzte Arbeitsbereiche und Arbeitsgegenstände sowie Verantwortlichkeiten im Zuge von 5S eindeutig definiert wurden. Dies führte zu einer höheren Identifikation innerhalb der Belegschaft mit dem eigenen Arbeitsbereich sowie einer Schärfung der ständigen Suche und des Blicks nach kontinuierlicher Verbesserung.

! Ausschlaggebend für den Erfolg und die Akzeptanz von 5S im Unternehmen war eine pragmatische und gute Organisation des Projekts.

Die Anpassung der Bausteine von 5S zur Umsetzung erfolgte entsprechend den Zielvorgaben der Geschäftsführung und unter Berücksichtigung der Unternehmenskultur. In allen Arbeitsbereichen wurden noch zusätzliche Themen wie beispielsweise die Einführung von Elementen des visuellen Managements und die Einführung von Bodenmarkierungen vorgenommen.

Die gesamte Konzeption und Einführung von 5S wurde als Projekt aufgesetzt. Die Auswahl der Pilotbereiche fiel auf eine große Abteilung aus der Produktion und eine kleinere Abteilung aus der Logistik. Es sollte von Beginn an vermieden werden, dass es mögliche Stimmen gab, wie „Das funktioniert bei uns einfach nicht", welche die Einführung gefährden könnten. Die Auswahl der Abteilungen orientierte sich an einem möglichst großen Bedarf an Organisation und Strukturierung sowie an der Möglichkeit, bereits nach der ersten Phase Ergebnisse sichtbar werden zu lassen. Damit konnte die Motivation zum Mitwirken gesteigert und konnten Gegenstimmen reduziert werden. Während der Umsetzung in den Pilotbereichen wurde an der Roll-out-Planung für die unternehmensweite Einführung gearbeitet. Zum Roll-out wurde auch eine Diplomarbeit vergeben und in diesem Rahmen ein Benchmarking zu 5S vorgenommen (Winkler 2010).

Alle Abteilungen führten zeitversetzt Workshops mit entsprechenden Trainings durch. Dies ermöglichte eine zeitgleiche Umsetzung mehrerer Abteilungen. Problemverschiebungen und -abwälzungen konnten dadurch zum größten Teil vermieden werden.

Die Herausforderung während der Einführung von 5S in einem produzierenden Betrieb für Lebensmittel bestand darin, die einzelnen Phasen in das bestehende Lebensmittelsicherheitssystem zu integrieren. Deshalb wurde von Beginn an ein besonderes Augenmerk auf die Integration der Qualitätssicherungsabteilung gelegt. Sauberkeit und

Produktionssicherheit sind oberstes Gebot. Die Zertifizierungs- und Hygienevorgaben mussten daher mitberücksichtigt werden, wie z. B. bei den Reinigungsvorschriften, bei der Ausstattung von Werkzeugen oder beim Kauf von Schränken und Regalen. Ein Vorteil für die Einführung war, dass Phase 3 – Sauberkeit – bereits in den Köpfen der Mitarbeiter verankert war. Durch die Zusammenarbeit des 5S-Koordinators mit den verantwortlichen Personen der Lebensmittelsicherheit konnte das gemeinsame Ziel für Ordnung und Sauberkeit weiterentwickelt werden (Bild 29).

Ordnung & Sauberkeit

ZIELE LEBENSMITTELSICHERHEIT	ZIELE 5S
Hygienisch einwandfreie und sichere Lebensmittel	Sichere, saubere und übersichtliche Arbeitsbereiche
Erfüllung rechtlicher Vorgaben	Eindeutige Verantwortungsbereiche in allen Arbeitsbereichen
Erfüllung Zertifizierungsstandards	5S-Rundgänge, um Nachhaltigkeit zu gewährleisten
Erfüllung Kundenanforderungen	Unterstützung der Hygienevorgaben

Bild 29: Zielvorgaben der Lebensmittelsicherheit und 5S

Die Planung aller Lebensmittelsicherheits- und 5S-Rundgänge wurde gemeinsam konzipiert, organisiert und folgende Vorgehensweise definiert:

- Jeweils ein Auditor für die Lebensmittelsicherheit und ein Auditor für 5S leiten den Rundgang.
- Erarbeitung eines Wegeplans pro Arbeitsbereich, damit keine Räume übersehen werden.
- Erstellung von Fotos während des Rundgangs, um Verbesserungsvorschläge zu dokumentieren und zu visualisieren.

Zur praktischen Umsetzung startete der 5S-Koordinator gemeinsam mit dem Berater die erste Sensibilisierung zum Thema 5S bei einer Informationsveranstaltung, in welcher die Abteilungsleiter, die Geschäftsführung und weitere Schlüsselpersonen aus der Linie teilnahmen. Weiterhin organisierte der 5S-Koordinator eine Kick-off-Veranstaltung, bei der man alle Abteilungs- und Teamleiter in 5S trainierte und der Umsetzungsplan besprochen wurde.

Der Umsetzungsplan, wie in Tabelle 8 dargestellt, wurde zeitversetzt für jede Abteilung konzipiert und die Dauer pro Phase mit je drei Stunden berechnet. Um einen reibungslosen Arbeitsablauf zu gewährleisten, organisierte der 5S-Koordinator die Termine jeweils in den Schichtüberlappungen. Zwischen den Phasen wurde zwei Wochen Zeit gegeben, um die jeweiligen Aktivitäten fertigzustellen.

Die Trainings fanden jeweils am Ort des Geschehens, nach dem japanischen „Gemba“, statt. Die Definition von Verantwortlichkeiten führte der 5S-Koordinator für Schnittstellen- und Graubereiche gemeinsam mit den Abteilungsleitern durch.

Tabelle 8: Gestaffelter Umsetzungsplan

	WOCHE									
	1	2	3	4	5	6	7	8	9	10
Sortieren	■	■								
Systematisieren			■	■						
Sauberkeit					■	■				
Standardisieren							■	■		
Selbstdisziplin									■	■

Nachdem alle fünf Phasen durchlaufen waren, hatte der 5S-Koordinator gemeinsam mit ausgewählten Personen aus der Linie begonnen, 5S-Rundgänge einzuführen. Die Bewertung der 5S-Rundgänge wurde entsprechend einem Notensystem (1 entspricht sehr gut bis 5 entspricht starke Abweichungen) durchgeführt (Tabelle 7). Da eine Notengebung Vor- und Nachteile mit sich bringt, hatte der 5S-Koordinator Regeln für die Benotung entwickelt, um zumindest dem Versuch der Objektivierung gerecht zu werden. Dabei wurden zur Bewertung folgende Regelungen ausgearbeitet:

- Die Bewertung erfolgt entsprechend den vorgegebenen Punkten im Bewertungsbogen (siehe Kapitel 6).
- Kommentare müssen von der entsprechenden Abteilung bis zum nächsten 5S-Rundgang umgesetzt werden.
- Bei positiver oder negativer Entwicklung erfolgt ein Zu- oder Abzug von +0,2/–0,2 (bei leichten Abweichungen), +0,5/–0,5 (bei mittleren Abweichungen und wiederholter Abweichung) und +1/–1 (bei schwerer und mehrmals wiederholter Abweichung).

Die Ergebnisse der Bewertung müssen spätestens zwei Arbeitstage nach dem Rundgang an die Abteilungs- und Teamleiter übermittelt und an der Informationstafel visualisiert werden.

Auch für die Durchführung von 5S-Rundgängen wurde ein eigener Standard entwickelt:

- Offizielle 5S-Rundgänge werden von geschulten Auditoren für 5S zu Beginn alle 14 Tage, später monatlich durchgeführt. In den Produktions- und Logistikbereichen fließen die Ergebnisse in den variablen, leistungsbezogenen Anteil der Entlohnung ein.
- Sollte sich ein Arbeitsbereich wesentlich verschlechtern, so werden wieder 14-tägige 5S-Rundgänge durchgeführt.

- Das Ergebnis der 5S-Rundgänge wird an einer Informationstafel ausgehängt, um die Ergebnisse allen Mitarbeitern zur Verfügung zu stellen.
- Die 5S-Rundgänge stellen sicher, dass ein hoher Standard an Ordnung eingehalten wird und dass diesbezüglich Fortschritte gemacht werden.

Die offizielle Übergabe eines 5S-Diploms erfolgte nach Abschluss der Umsetzung entsprechend den Ergebnissen der 5S-Rundgänge in einer besonderen Veranstaltung pro Abteilung mit allen Mitarbeitern.

!

Agenda der 5S-Diplomübergabe:

- Offizielles Statement zu den Ergebnissen durch die Geschäftsführung.
- Rückblick zur Ausgangssituation vor Umsetzung von 5S und Kommunikation der Highlights mittels Fotodokumentation durch den 5S-Koordinator.
- Wiederholung der fünf Phasen und Fokus auf kontinuierliche Verbesserung.
- Offizielle Überreichung des 5S-Diploms durch die Geschäftsführung und den 5S-Koordinator.
- Überreichung eines Geschenkes (Badetuch und Meterstab mit 5S-Logo) an alle Mitarbeiter.

Zusätzlich fanden ein Erfahrungsaustausch und Feedbackgespräche zur 5S-Umsetzung gemeinsam mit Abteilungsleitern, Teamleitern und dem 5S-Koordinator statt, um für zukünftige Einführungen in anderen Produktionsstätten zu lernen.

Zusammenfassend kann die Einführung von 5S als großer Erfolg gewertet werden. Alle beteiligten Mitarbeiter arbeiteten mit viel Engagement und Energie an der Erreichung der gesetzten Ziele. In Bezug auf Widerstand ist festzuhalten, dass eher die Supportabteilung von Produktion und Logistik, wie die Technik und Qualitätssicherung, sowie Büro- und administrative Bereiche vor allem zu Beginn eine zentrale Herausforderung darstellten. Da aber die Einführung in den Produktions- und Logistikbereichen so gut funktionierte, sprang die 5S-Euphorie mit der Zeit auch auf diese Arbeitsbereiche über. Zusätzliche Motivation für die Weiterentwicklung von 5S erhielt das Unternehmen auch durch das positive Feedback von seinen Kunden, Benchmarking-Partnern und Lieferanten, die den Produktionsstandort besichtigt hatten.

Gewonnene Erkenntnisse

- Es ist möglich, auch nach anfänglichen Widerständen 5S erfolgreich in allen Arbeitsbereichen eines Unternehmens einzuführen.
- Die Herausforderung in einem Lebensmittelunternehmen, Hygienevorgaben aus den verschiedenen Zertifizierungsanforderungen mit 5S in Einklang zu bringen, kann gut bewältigt werden.
- Die Investition in „Zeit" und „Zeit geben" wird nach der Einführung durch erhöhte Effizienz, Arbeitssicherheit und Produktqualität belohnt. Dies sowohl für das Unternehmen selbst als auch für die beteiligten Mitarbeiter.
- Die Einbindung der Geschäftsführung und Abteilungsleiter ist ein kritischer Erfolgsfaktor für die Einführung von 5S.

8 Change Management

WORUM GEHT ES?

Wer mit 5S startet und sich ernsthaft mit der Thematik beschäftigt, wird schnell erkennen, dass es sich hierbei nicht um eine „Schaufel-, Farbe- und Besenaktion“ handelt, sondern um den Start einer langen und intensiven Reise. 5S gibt zum einen Antworten darauf, wie Ordnung und Sauberkeit in der Organisation verankert wird. Zum anderen ist die Einführung von 5S der Start eines klassischen Veränderungsprozesses mit all seinen Herausforderungen.

Um diesen zu meistern, benötigt 5S neben der "Hardware" der fünf Phasen auch die "Software": Ein begleitendes Change Management ist notwendig, um die menschlichen Aspekte der Veränderung (z. B. Widerstände, Ängste) zu erkennen, zu isolieren und in geführten Prozessen ins Positive zu wandeln. Dabei geht es vor allem darum, Widerstände in eine konstruktive Zusammenarbeit umzuwandeln und eine motivierte Aufbruchsstimmung zu erzeugen.

!

Kernelemente eines erfolgreichen Change Managements sind (in Anlehnung an Doppler/Lauterburg 2014; Kostka 2017):

- ein langfristiger, ganzheitlicher Ansatz,
- Beteiligung der Betroffenen,
- Berücksichtigung emotionaler Aspekte,
- zielgerichtete Kommunikation,
- Hilfe zur Selbsthilfe,
- Ziel der gleichzeitigen Verbesserung der Leistungsfähigkeit der Organisation (Effektivität) und der Qualität des Arbeitslebens (Humanität).

WAS BRINGT ES?

Basierend auf der umfassenden praktischen Erfahrung von den Autoren in den Bereichen 5S und Change Management hat sich gezeigt, dass verschiedene Unternehmen unterschiedliche Reifegrade zum Thema Veränderung und Veränderung implementieren aufweisen. Basierend auf den gewonnenen Erkenntnissen aus der Einführung von 5S ist es wichtig, den menschlichen Aspekt der Veränderung verstärkt zu betrachten und zu fördern, um so den Reifezustand der Organisation als Ganzes in Bezug auf das Change Management zu steigern.

Der Vorteil eines begleitenden Change Managements bereits von Beginn der Einführung von 5S an ist, dass initiierte und realisierte Veränderungsprozesse den Mitarbeitern und Führungskräften ermöglichen, sich von einer endogenen Selbstdisziplin (Motivation von außen) hin zu einer intrinsischen Selbstdisziplin zu verändern.

Eine der Herausforderungen des Change Managements ist es, ein durchgängiges Konzept des angstfreien Lernens zu etablieren. Da 5S in der Regel keine großen organisatorischen und personellen Zielsetzungen und Konsequenzen nach sich zieht, kann das Thema Veränderungen mit einem begleitenden Change Management ohne Verunsicherung und Angst in der Organisation verankert werden. Die wirtschaftlichen Rahmenbedingungen zwingen Unternehmen, sich ständig weiterzuentwickeln.

Hiroyuki Hirano (1998) beschreibt in seinem Standardwerk *5S for Operators* die zwölf typischen Widerstände gegen die Einführung von 5S. Grundsätzlich ziehen sich Widerstände vom Vorstand bzw. der Geschäftsführung über Bereichs-, Abteilungs- und Teamleiter zu Mitarbeitern bis zum Lehrling.

Die zwölf typischen Widerstände gegen 5S:

1. Was ist so besonders an Ordnung und Sauberkeit?
2. Warum sollte ich – der Geschäftsführer – der Befürworter von 5S sein?
3. Warum sauber machen, wenn sowieso wieder alles schmutzig wird?
4. Ordnung und Sauberkeit bringen keine Wertschöpfung!
5. Warum beschäftigen wir uns mit solchen Unwichtigkeiten?
6. Wir sind mit Ordnung und Sauberkeit schon lange fertig!
7. Mein Arbeitsplatz sieht chaotisch aus – aber ich finde trotzdem alles!
8. Haben wir alles schon mal gemacht!
9. 5S und diese Dinge sind genau das Richtige für die Produktion!
10. Wir sind viel zu beschäftigt (mit dem Kunden), um uns um Ordnung und Sauberkeit zu kümmern!
11. Wer ist das überhaupt, der mir sagt, was ich zu tun habe?
12. Wir brauchen 5S gar nicht – wir wollen verkaufen; lasst uns unsere Arbeit machen!

Für eine erfolgreiche Kommunikation zur Einführung von 5S ist eine Vorbereitung und Vorwegnahme von Einwänden und Widerständen ein Schlüsselfaktor. Im Change Management-Workbook von Lang/Wagner (2020, S. 30) werden zehn Taktiken aufgezeigt, wie Führungskräfte und Berater auf Widerstände reagieren können.

Die zehn Taktiken, um mit Widerständen umzugehen:

1. Zuhören und Verstehen von Widerständen
2. Fokus auf das "Was" und Loslassen des "Wie"
3. Hoffnung schaffen

4. Einfache und klare Konsequenzen und Entscheidungen treffen
5. Barrieren beseitigen
6. Vorteile und Nutzen einer Veränderung greifbar machen
7. Einen persönlichen Appell starten
8. Den stärksten Gegner mit ins Boot holen
9. Konsequenzen aufzeigen
10. Anreize schaffen

Ein weiterer wesentlicher Aspekt in der Kommunikation ist, das "Warum" der Veränderung und der Einführung von 5S transparent und erklärbar zu machen. Wenn die Linienführungskräfte und Mitarbeiter den Sinn einer Veränderung verstehen, können Widerstände von Beginn an bereits abgebaut werden.

WIE GEHE ICH VOR?

Es gibt einige wichtige Change Management-Aspekte, die während der Einführung von 5S unbedingt beachtet werden sollten. Folgende fünf Themen haben sich im begleitenden Change Management in der Einführung von 5S gut bewährt:

1) Bewusstsein für den Veränderungsprozess von 5S schaffen

Der Erfolg der Veränderung ist stark abhängig davon, wie es gelingt, ein Verständnis dafür zu wecken und zu schaffen. Die Hauptaufgabe und Hauptverantwortung tragen dabei die Geschäftsführung und die Linienführungskräfte. Eine offene und abgestimmte Kommunikation über Gedankengut, Motivation und Sinn der 5S-Einführung trägt zu einer hohen Akzeptanz von Anfang an bei.

Dazu ist es empfehlenswert, bereits vor dem Start von 5S, Coaching und Trainings für die entsprechenden Führungskräfte zu organisieren und durchzuführen. Dies schafft Verständnis sowohl für den persönlichen als auch organisationalen Veränderungsprozess.

Ein wichtiger Punkt für die Bewusstseinsbildung ist, dass jede organisationale Veränderung und Reorganisation auch einen persönlichen Veränderungsprozess jedes einzelnen Mitarbeiters bedeutet. Typischerweise werden die in Bild 30 dargestellten Phasen in einem persönlichen Veränderungsprozess durchlaufen. Wie die einzelnen Phasen erlebt werden, ist individuell und situationsabhängig.

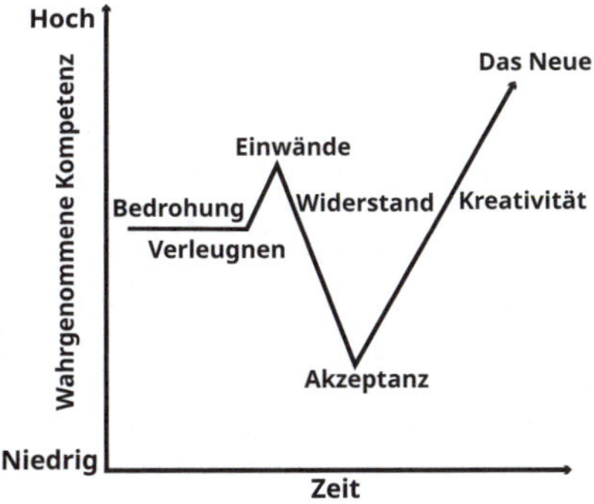

Bild 30: Veränderungsphasen adaptiert nach Kübler-Ross (1969)

Damit sich Mitarbeiter und Führungskräfte aktiv im Veränderungsprozess beteiligen können, sind das Wissen und das Verstehen dieser Veränderungsphasen sowohl bei den Führungskräften als auch bei den Mitarbeitern die Basis. Beim Start einer 5S-Einführung kann der Veränderungsprozess nämlich als Bedrohung von Mitarbeitern und auch Führungskräften wahrgenommen werden. Dass sich dadurch

Einwände und Widerstände ergeben, ist Teil des Veränderungsprozesses und als normal anzusehen. Wichtig ist hier auch die emotionale Unterstützung der beteiligten Personen. Damit kann Akzeptanz für die Notwendigkeit der Veränderung geschaffen werden. Dies ist die Basis für das weitere Entstehen von Kreativität zur Weiterentwicklung für das Neue.

2) Information über den Bedeutungsgehalt von Veränderungsprozessen sowie über das "Warum" der Einführung von 5S

Eine erfolgreiche Einführung von 5S erfordert viel und zielgerichtete Information an alle Mitarbeiter. Hierzu ist ein Kommunikationskonzept mit entsprechenden Informationsveranstaltungen und erweiterten Kommunikationsstrukturen notwendig. Darin enthalten sind die Entscheidungen und inhaltlichen Abstimmungen, wer was wann und vor allem wie kommuniziert.

Das Ziel von Informationsveranstaltungen ist – neben der Kommunikation wichtiger Erklärungen und Vorgehensweisen – die Vorwegnahme von möglichen Einwänden und Widerständen. Dies wird durch ein starkes "Warum" ermöglicht. Das "Warum" soll den Sinn der Einführung von 5S erklären, die Veränderungsphasen und auch warum gerade jetzt die Veränderung notwendig ist.

3) Schaffung von Transparenz über die Einführung von 5S

Die Einbeziehung aller beteiligten Personen von Beginn an unterstützt die Motivation, sich aktiv am Veränderungsprozess zu beteiligen, und schafft Vertrauen.

Auf Basis dieses Vertrauens werden weitere Kommunikations-Workshops durchgeführt, in denen die spezifischen Schritte der Kommunikation für die 5S-Einführung definiert und kommuniziert werden. Begleitende kommunikative

Maßnahmen, wie z. B. Aushänge von Ergebnissen an Info-Boards, Mitarbeiterzeitung, Newsletter, Social-Media-Aktivitäten, unterstützen die aktive Beteiligung.

4) Erkennen und Eliminieren von Veränderungsbarrieren

Dazu eignen sich die vorher erwähnten "zwölf Widerstände der Veränderung" und die "zehn Taktiken, um mit den Widerständen umzugehen".

> **!** Bei der Wahl des Zeitpunktes für eine 5S-Umsetzung in einem Arbeitsbereich ist es oft ratsam, die zu produzierende Auftragsmenge und laufende Großprojekte zu berücksichtigen, um sicherzustellen dass für die 5S-Umsetzung genug Zeit vorhanden ist.

Der Impuls von Veränderungsbarrieren ist meistens emotional (siehe *Der 5S Navigator*, entwickelt von den Autoren dieses Buches). Hier gilt es speziell für die Linienführungskräfte, empathisch mögliche Ängste und Widerstände der Mitarbeiter aufzunehmen und Lösungsmöglichkeiten gemeinsam zu erarbeiten.

Zusammenfassend wird in Bild 31 dargestellt, welche Elemente für ein erfolgreiches Veränderungsmanagement berücksichtigt werden müssen.

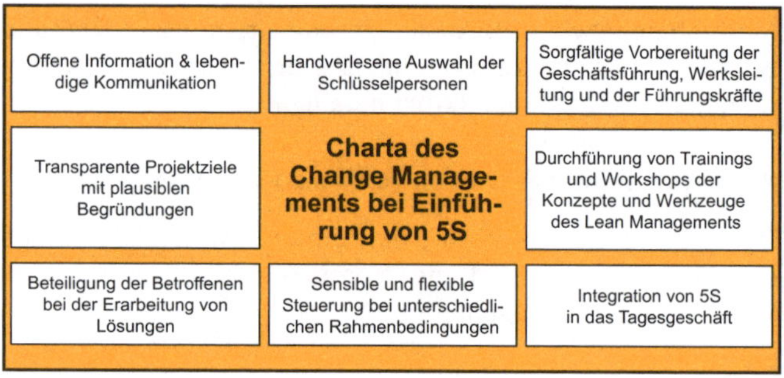

Bild 31: Change Management bei Einführung von 5S

5) Kontinuierliche Kommunikation der Ergebnisse zur Einführung von 5S und begleitendes Coaching-Kata

Die Wahrnehmung über den Veränderungsprozess läuft unbewusst und selektiv über sogenannte Filterprozesse. Diese Filterprozesse sind Muster, die unser Verhalten unbewusst beeinflussen. Bei der Veränderungsphase geht es darum, diese Muster – Gewohnheiten – zu unterbrechen und das Neue als Muster zu etablieren. Häufig passiert es, dass wir wieder in alte Muster zurückfallen. Alte Muster bieten vor allem Schutz und Sicherheit. Das Neue ist häufig bedrohlich und unsicher. Deshalb ist es im Veränderungsprozess wichtig, durch ständiges Wiederholen die neuen Muster für das Neue aufzubauen.

Manche Unternehmen unterschätzen den Einfluss einer zielgerichteten Veränderungskommunikation und eines begleitenden Change Managements. Der Autohersteller Toyota benutzt an dieser Stelle bewusst das sogenannte Coaching-Kata für das begleitende Change Management.

Mike Rother schreibt in seinem Buch *Die Kata des Weltmarktführers* (2013, S. 24 ff.), dass Unternehmen versuchen, die sichtbaren Praktiken, Methoden, Werkzeuge und Prinzipien zu übernehmen und umzusetzen. Dies ist allerdings nur ein Teil. Die entscheidenden Aspekte sind diejenigen, die nicht sichtbar sind. Dieses Unsichtbare liegt in den Routinen und dem Problemlösungsmodus. Folgendes Toyota-Zitat drückt dies am besten aus: "Die meisten Automobilisten bauen Autos. Wir befähigen Menschen, Autos zu bauen."

Toyota hatte bereits früh erkannt, dass durch Routine und ständiges Lernen die Potenziale der Mitarbeiter entfaltet werden können. Diese Vorgehensweise wird "Kata" genannt. Kata (japanisch) sind Lernroutinen, die bewusst und dauerhaft geübt werden. Dabei wird zwischen Verbesserungs- und Coaching-Kata unterschieden. Das Verbesserungs-Kata ist ein wichtiger Teil in Phase 5 – Selbstdisziplin – von 5S. Dabei geht es darum, sich in kleinen Schritten kontinuierlich zu verbessern und sich einem Zielzustand anzunähern. Durch die Coaching-Kata (Bild 32) werden Mitarbeiter in der Verbesserungs-Kata und im Veränderungsprozess unterstützt. Jede kontinuierliche Verbesserung bedeutet wiederum gleichzeitig einen persönlichen Veränderungsprozess.

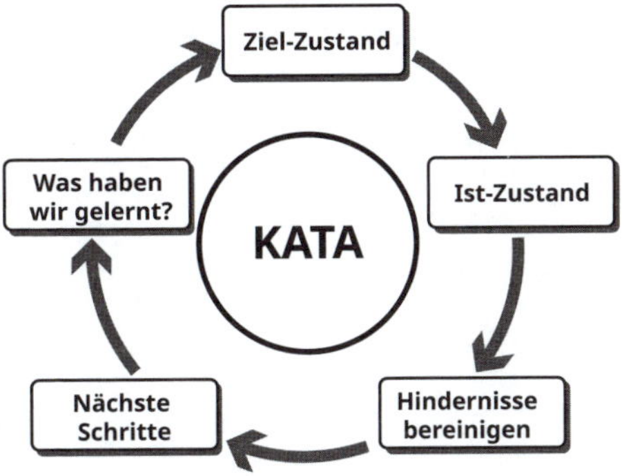

Bild 32: Coaching-Kata

Es geht dabei um die Veränderung von Handlungs- und Denkmustern, sodass diese zur Routine werden. Diese gezielte Entwicklung von Lernen, Umgang mit Problemen und ständige Weiterentwicklung wird durch einen Coach begleitet. Der Coach inspiriert und unterstützt durch die fünf Coaching-Kata-Fragen, ohne Lösungen vorzugeben.

> **!** Die fünf Coaching-Kata-Fragen:
>
> - Was ist der Ziel-Zustand/die Vision?
> - Was ist der Ist-Zustand?
> - Was hindert uns daran, den Ziel-Zustand zu erreichen?
> - Welches Hindernis gehen wir an und was ist der nächste Schritt?
> - Wann können wir sehen, was wir aus diesem Schritt gelernt haben?

Die Voraussetzung für das Gelingen der Coaching-Kata ist Vertrauen und Respekt zwischen Coach und Coachee bzw. Führungskraft und Mitarbeiter. Dieser Prozess setzt sich bis in das obere Management fort, sodass die gesamte Organisation lernt, reflektiert und sich damit kontinuierlich weiterentwickelt.

9 5S in Administration und Dienstleistung

WORUM GEHT ES?

Gemäß der vom Fraunhofer IPA und der Fraunhofer Austria durchgeführten Studie *Lean Office 2010* (Westkämper et al. 2010) werden in administrativen Bereichen 27 % der Arbeitszeit verschwendet.

Von diesen 27 % verschwendeter Arbeitszeit entfallen 55 % auf Arbeitsprozesse, die mangelhaft abgestimmt sind, 30 % auf Verschwendung der reinen Arbeitszeit am Arbeitsplatz, z. B. durch Suchen nach bestimmten Informationen, Unterlagen oder Dokumenten, und 15 % auf sonstige, nicht wertschöpfende Tätigkeiten.

Unter administrativen Bereichen werden in diesem Buch nicht nur administrative Prozesse, sondern auch Service- und Supportabteilungen im Unternehmen verstanden. Dienstleistungsunternehmen sind sämtliche nicht produzierenden Unternehmen, wie z. B. Banken, Versicherungen, Krankenhäuser, Energieversorger oder Hotels.

Laut der Studie konzentrieren sich Unternehmen nach wie vor vorwiegend auf Verbesserungsmaßnahmen in produktiven Bereichen. Diesbezüglich werden Produktivitätssteigerungen von durchschnittlich 15 % erreicht. Im administrativen Bereich sind es hingegen nur 9 %. Zusammenfassend kann gesagt werden, dass in Bezug auf administrative Bereiche und Dienstleistungsunternehmen Handlungsbedarf besteht und dies auch als Chance zur Produktivitätssteigerung verstanden werden kann. Aus den Ergebnissen der Studie ergeben sich folgende Handlungsempfehlungen:

- Ganzheitlicher Ansatz: Methodisch und strukturell aufgesetzte Aktivitäten zur Gestaltung der Arbeitsumgebung, wie z. B. 5S, KVP etc., sind punktuellen Verbesserungsaktivitäten vorzuziehen.
- Kapazitätsplanung: Strukturierte Verbesserungsaktivitäten benötigen Zeit und damit eine Bereithaltung von Mitarbeiterkapazitäten. Diese sind bei Kapazitätsplanungen bereits zu berücksichtigen.
- Trainings: Die Konzepte, Prozessabläufe, Arbeitsbeschreibungen, Werkzeuge etc. benötigen ein ständiges Üben und Trainieren.
- Prozesstransparenz: Während in Produktions- und Logistikbereichen Kennzahlen auf der Agenda stehen, fehlen diese meist bei administrativen Prozessen und den entsprechenden Bereichen. Es ist wichtig, durch Transprenz der Abläufe diese messbar und die Daten verfügbar zu machen.
- Change Management: Ein begleitendes Change Management-Konzept ist auch in administrativen Bereichen notwendig.
- Führungskraft als Coach: Die Vorbildwirkung der Führungskräfte ist wichtig. Sie haben dabei nicht nur eine Zustimmungsfunktion, sondern eine aktive Rolle in der Begleitung der Mitarbeiter während und nach dem Veränderungsprozess.

Basierend auf unseren Erfahrungen in der erfolgreichen Einführung von 5S hat die 5S-Umsetzung in der Regel in den Produktionsbereichen der Unternehmen begonnen und wurde dann in die administrativen Bereiche ausgeweitet. Auch in diesen administrativen Bereichen benötigte es eine systematische Vorgehensweise zur Einführung von 5S. Dabei wurde darauf geachtet, die Handlungsempfehlungen der Studie ebenfalls mitzuberücksichtigen. Neben den typischen Abteilungen wie Verkauf, Einkauf, Controlling, Marketing, Personal und IT wurde 5S auch in Abteilungen wie Arbeitsvorbereitung, Produktentwicklung, Kundenservice, Industrialisierung, Projektmanagement, Instandhaltung und Labor eingeführt. Hier hat sich das von uns entwickelte 5S-Umsetzungsmodell für administrative Bereiche bewährt (siehe Bild 34). In einzelnen Fällen wurden aufgrund der Prozessähnlichkeit auch Teile des 5S-Umsetzungsmodells aus der Produktion eingearbeitet.

Gemäß der Studie *Lean Office 2010* (Westkämper et al. 2010) arbeiten Unternehmen, die 5S in den administrativen Bereichen erfolgreich eingeführt haben, mit 63,4 % deutlich häufiger über Kennzahlen, die Aussagen über die Höhe des Outputs (Termin, Menge etc.) zulassen, als weniger erfolgreiche Unternehmen. Besonders erfolgreiche Verbesserungsaktivitäten haben Unternehmen, die Mitarbeiter stark in die Lösungsfindung miteinbinden (82,9 %).

Das Ziel, 5S auch in administrativen Bereichen und Dienstleistungsunternehmen einzuführen, hat sich durch die Erfahrung mit 5S als auch Benchmarking-Besuchen der Autoren bestätigt. Die Ergebnisse einer 5S-Einführung in diesen Arbeitsbereichen haben eine erhöhte Ordnung und Effektivität gezeigt. Zudem wurden speziell abteilungs- und bereichsübergreifende Probleme transparent, die ineffizientes Arbeiten und Fehler auslösen. Zusammenfassend hat sich gezeigt, dass es meistens die täglichen Herausforderungen sind, die eine 5S-Einführung begründen:

- Eine deutliche Ordnung der Arbeitsumgebung fehlt. In der Praxis häufig anzutreffende Beispiele sind alte Produktmuster, eine Anhäufung von Kartons mit definitionslosen Gegenständen, veraltete und nicht benötigte Ordner, überflüssige Verpackungsmaterialien, verdorrte Pflanzen und leere Toner.

- Schränke, Regale, physische und elektronische Hilfsmittel sind weder systematisiert noch markiert und oft überfüllt. Beispielsweise fehlen Beschriftungen oder sind nicht mehr gültig.
- Verantwortlichkeiten besonders für Schnittstellenbereiche sind nicht eindeutig definiert. Dadurch entstehen vielfach Frustration, Missmut, Neid, Konkurrenzdenken und auch Streitigkeiten zwischen den Beteiligten unterschiedlicher Abteilungen.
- Komplizierte Genehmigungsverfahren, die häufig lange dauern. Dies kann beispielsweise zu Frustration und Demotivation führen.
- Standardisierte Lösungen in den Prozessen fehlen. Die Folge ist ein häufiges Nachfragen und Einfordern von fehlenden Informationen, speziell bei abteilungs- und bereichsübergreifenden Prozessen.
- Eindeutige Vorgehensweisen zur Vermeidung von Fehlern werden nicht gelebt oder sind nicht existent. Beispielhaft sind definierte, jedoch nicht verwendete Ablaufbeschreibungen oder vorhandene interne Richtlinien, die keine Beachtung finden und dies auch keine Konsequenzen nach sich zieht.
- In den physischen und elektronischen Ablagen werden z. B. Schriftstücke, Nachweise, Geschäftsunterlagen, Bestätigungen und Belege mehrfach abgelegt. Ein häufig anzutreffendes Beispiel ist der Ausdruck von E-Mails, die in physischen Ordnern aufbewahrt werden. Zusätzlich werden diese E-Mails noch elektronisch archiviert und deren Anhänge überdies in den Dateiordnern abgelegt.

Eine weitere Herausforderung in administrativen Bereichen und Dienstleistungsunternehmen sind die Handhabung von Informationen und der Umgang mit neuen Medien sowie die interne und externe Kommunikation. Schlagworte wie „meine Inbox ist mit Mails überfüllt“, „Informationsüberflutung“ und „interne Serviceorientierung“ stellen erhöhte Anforderungen an die Organisation und Strukturierung des Informations- und Kommunikationsflusses und verlangen einen sensibleren Umgang mit Daten von Mitarbeitern. Unsicherheiten in der Anwendung führen dazu, dass Daten aus allen möglichen Quellen gehortet werden. Dies erschwert die Übersichtlichkeit und das Auffinden von relevanten Informationen. Auch die Antwortzeiten der IT-Systeme erhöhen sich dadurch. Zur persönlichen Absicherung werden oft „Beweise“ zum getätigten Schriftverkehr gesammelt. Selbst Terminabsagen von längst vergangenen Besprechungen werden entsprechend abgelegt.

Oft wird auch das Argument vorgebracht, dass die Tätigkeiten in den administrativen Bereichen und Dienstleistungsunternehmen so besonders sind, dass diese nicht geordnet und standardisiert werden können. Allerdings wird es in Zukunft immer wichtiger werden, effizienten, auf den jeweiligen Kunden angepassten und umfassenden Service zu bieten. 5S kann dafür die Basis schaffen – und möglicherweise sogar einen Vorsprung gegenüber den Mitbewerbern.

WAS BRINGT ES?

Die Einführung von 5S hat in den administrativen Bereichen und Dienstleistungsunternehmen folgende Zwecke erfüllt:

- die Befähigung aller Mitarbeiter praktikable, aufgeräumte und organisierte Arbeitsbereiche zu schaffen und diese auch beizubehalten,
- die Gestaltung, Organisation und Standardisierung der administrativen Bereiche und Dienstleistungsunternehmen,
- die Definition eindeutiger Verantwortungsbereiche in allen Büro- und Schnittstellenbereichen,

- die Sicherstellung eines effizienten und effektiven Informationsflusses und damit einer verbesserten Zusammenarbeit zwischen den Abteilungen,
- die Schaffung von Transparenz in den Abläufen und Arbeitsprozessen,
- die Entwicklung einer administrativen und Dienstleistungskultur, in der 5S gelebt werden kann.

Das Ziel der Einführung von 5S in den administrativen Bereichen und Dienstleistungsunternehmen ist es, standardisierte, aufgeräumte und gut organisierte Arbeitsbereiche zu erhalten und kontinuierlich zu verbessern (Bild 33).

Bild 33: Das Bild links zeigt den Druckerbereich vor Umsetzung von 5S. Bild rechts veranschaulicht ein gutes Niveau an Ordnung und Sauberkeit nach Umsetzung von 5S (Quelle: WIBERG GmbH).

WIE GEHE ICH VOR?

Für die Einführung von 5S wird auch hier eine Einteilung in Arbeitsbereiche vorgenommen. Die Linienführungskräfte sind – wie in den produktiven Arbeitsbereichen – für die Umsetzung der 5S-Aktivitäten und die Einhaltung der erarbeiteten Standards im operativen Tagesgeschäft verantwortlich. Für Gemeinschafts- und Außenbereiche werden entsprechende Zuständigkeiten definiert. Im Unterschied zu 5S in der Produktion wird bei der Einführung verstärkt Wert auf die Ausarbeitung spezifischer Bürothemen und bereichsübergreifender Prozesse gelegt.

Mögliche Themen zur Bearbeitung in den Gruppenarbeiten von 5S in den Bürobereichen können sein:

- Organisation allgemeiner Lagerräume und Archive,
- Überprüfung der Aufbewahrungsfristen für sämtliches Archivmaterial,
- Überprüfung von Redundanzen bei Papier- und elektronischer Ablage sowie Dateiablagen auf verschiedenen Laufwerken,
- Meeting-Organisation (z. B. Agenda oder Vorbereitung),
- Organisation der Zeitschriftenablage und Fachbücher,
- Erstellung einer Inventarliste für Büromöbel,
- Standardisierung des Büromaterials,
- Standardisierung der Druck- und Kopierbereiche,
- Standardisierung der Besprechungs- und Pausenräume,
- Überprüfung von veralteten und komplizierten Prozessen,
- Überprüfung von Entscheidungs- und Freigabeprozessen.

> **!** Eine praktikable Möglichkeit, relevante Themen in den Workshops zu begleiten, ist ein Abstimmungstermin mit dem Abteilungs- und Teamleiter des jeweiligen Bereichs vor dem tatsächlichen Start der Umsetzung. Dies gewährleistet ein Gefühl von Eingebundensein bei den Führungskräften. Zudem erleichtert es die Themenaufnahme und mögliche Vorbereitungen für den Start in den Bürobereichen vor Ort.

Es ist notwendig, für die Organisation und Strukturierung der Dateiablage eigene 5S-Workshops zu organisieren. Folgende Vorgehensweise hat sich bewährt:

- Dateien hinsichtlich Alter, Version und Nutzung prüfen,
- Dateien löschen oder gegebenenfalls extern speichern,
- Standards für die Ordnerstruktur sowie Benennung von Ordnern und Dateien definieren,
- Dateien in der neuen Struktur ablegen,
- Standards dokumentieren und regelmäßig schulen.

Eine hilfreiche Unterstützung zur Auswahl wichtiger Themen können die sieben Verschwendungsarten der indirekten Prozesse sein (in Anlehnung an Göppel 2011):

- Überinformation: Informationen an einen zu großen Verteiler oder mehr Informationen als erforderlich und erwünscht.
- Unzureichender Informationstransfer: schlechter Informationsfluss aufgrund des Bürolayouts; keine einheitliche Datenbank für abteilungs- und bereichsübergreifend genutzte Informationen.
- Fehler: Kalkulation unter Annahme falscher Daten; Verwendung nicht aktueller Informationen.
- Wartezeiten: wiederholte Rückfragen, da Informationen nicht eindeutig kommuniziert und dokumentiert werden; Unpünktlichkeit, speziell bei Besprechungen.
- Überbestände: Überbestellung von Büromaterial; mehrfache Datenablage; Datenfriedhöfe im Netzwerk.
- Ungesunde oder gefährliche Arbeitsumgebung: fehlende Ergonomie des Bildschirmarbeitsplatzes.
- Unnötige Bewegungen und Zeitverschwendung: Suche im Intranet, auf verschiedenen Netzlaufwerken; große Entfernungen zwischen Arbeitsplatz und Informationsspeicher (z. B. Aktenablage); schlechtes Bürolayout und schlechte Arbeitsplatzgestaltung.

- Fehlende Organisation der Arbeitsprozesse: kein Rückgriff auf gespeicherte Information; für Kundenanforderungen nicht erforderliche Arbeitsschritte; wiederholte Prüfvorgänge; keine Nutzung bereits bestehender Prozesse und Informationen.

Der Start von 5S erfolgt mit einer Informationsveranstaltung gemeinsam mit den beteiligten Führungskräften, in der auch der Umsetzungsplan gemeinsam erarbeitet und terminlich abgestimmt wird. In dieser Phase erfolgt auch die Überprüfung der Art der Umsetzung, wie in Kapitel 5 beschrieben. So kann auch für administrative Bereiche und Dienstleistungsunternehmen zwischen einer kompakten, gestaffelten und organischen Einführung gewählt werden. Zur nachfolgenden Darstellung haben wir uns für die gestaffelte Einführung entschieden, da diese in der Praxis sehr häufig anzutreffen ist. Ferner wird ein geeigneter Pilotbereich definiert, in welchem mit der Einführung von 5S begonnen wird. Das erste 5S-Training findet als Kick-off-Veranstaltung mit allen Abteilungs- und Teamleitern statt. Zudem werden weitere Personen als Unterstützung für den 5S-Koordinator trainiert. Der Ablauf der Umsetzung und organisatorische Maßnahmen werden auf dieselbe Art und Weise durchgeführt, wie in den Kapiteln 2 und 6 erläutert wurde, jedoch mit deutlichen Anpassungen, wie in Bild 34 dargestellt. Im Folgenden werden die fünf Phasen mit ihren Aktivitäten, Gruppenarbeiten und Zielsetzungen näher erklärt.

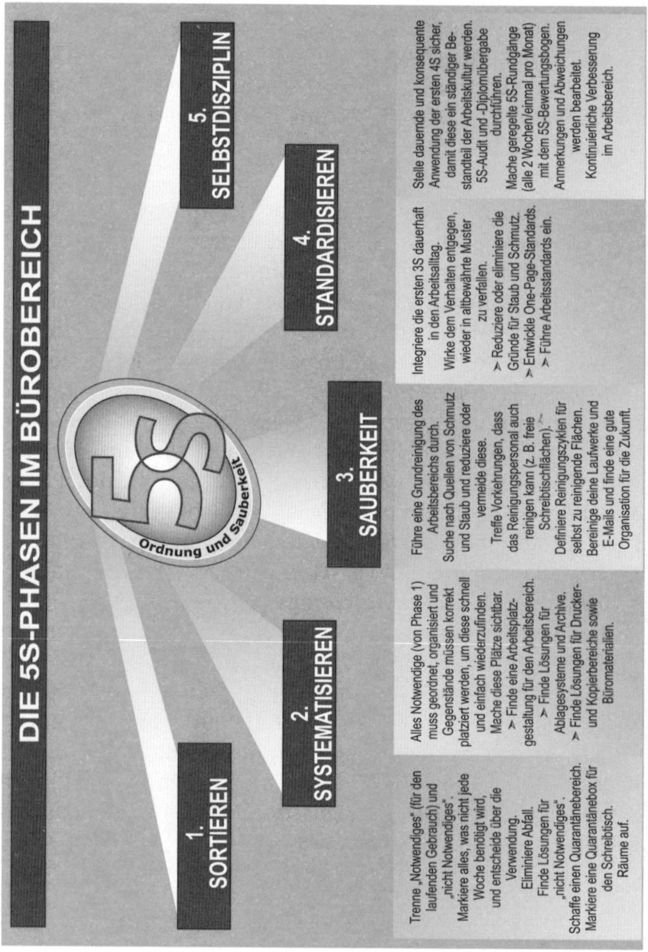

Bild 34: Das 5S-Umsetzungsmodell für administrative Bereiche und Dienstleistungsunternehmen

Phase 1 – Sortieren

Die 5S-Gruppenarbeiten finden im jeweiligen administrativen und Dienstleistungsbereich, am Ort des Geschehens, statt. Begonnen wird mit einer Gruppenarbeit zum Thema „Sortieren“. Anschließend wird das Gelernte vor Ort sofort angewendet, sodass Ergebnisse sichtbar werden und die Motivation gesteigert wird, die Arbeiten fortzusetzen.

Der Hauptunterschied zum Sortieren im Produktionsbereich besteht in der Art der Gegenstände, die sortiert werden. So trifft man z. B. im Büro eher auf alte Akten, Ordner, Zettel, Unterlagen, Papiere und Zeitschriften, Muster, nicht funktionierende Schreibtischutensilien und nicht mehr benötigte Informationen in elektronischer Form (Bild 35). Beim Aussortieren von alten Belegen und Dokumenten, wie z. B. Rechnungen, Aufträgen, Lieferscheinen, Buchhaltungsunterlagen etc., ist unbedingt darauf zu achten, dass diese entsprechend vernichtet und geschreddert werden. Gegebenenfalls ist zu prüfen, ob eine spezielle Entsorgung notwendig ist. In der Praxis hat sich bewährt, die Mitarbeiter dahin gehend zu sensibilisieren.

! Zur Unterstützung der Gruppenarbeiten wird das von den Autoren dieses Buches entwickelte Kartenset *5S Navigator* empfohlen. In den Karten werden Hilfsmittel und Checklisten zur Verfügung gestellt sowie Praxistipps gegeben, die auch für administrative Bereiche und Dienstleistungsunternehmen sehr gut anwendbar sind.

Für nicht eindeutig zuordenbare Gegenstände und Arbeitsutensilien wird ein Quarantänebereich definiert. Für Dokumente und Unterlagen zu nicht erledigten Themen und Aufgaben im eigenen Arbeitsbereich hat sich eine beschriftete

Quarantänebox direkt am Arbeitsplatz bewährt. Die Funktion dieser Box ist das Sichtbarmachen unerledigter und bereits zeitlich verzögerter Themenstellungen.

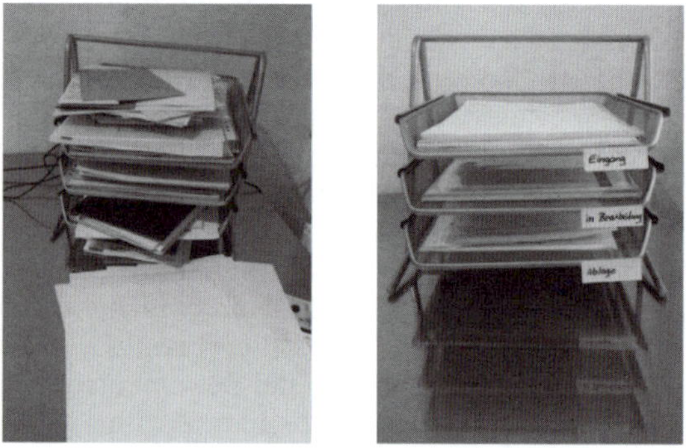

Bild 35: Beispiel vor und nach der Durchführung des Systematisierens von Ablagefächern auf dem Schreibtisch

!

Beispiele zum Aussortieren:

- Papierstapel, alte Briefe, Ausdrucke, Berichte, Bücher und Werbematerialien,
- Ordner und Ablage mit der Beschriftung „Diverses“ oder „Allgemeines“,
- Zeitschriften und Fachmagazine,
- Unordnung am Schreibtisch,
- Postkartenwände mit Urlaubsgrüßen,
- Regale mit Dekorationsgegenständen,
- obsolete physische Archive,
- nicht mehr benötigte E-Mails und Dateien sowie die dazugehörenden Ausdrucke in physischen Ablagen,
- redundante Dateien in unterschiedlichen Laufwerken, Portalen und Software-Tools, z. B. für Qualitätsmanagement etc.

Phase 2 – Systematisieren

In dieser Phase werden alle Gegenstände und Dateien systematisiert und gute Lösungen für Büromaterial, Druckerutensilien, Dateiablagen etc. erarbeitet. Zu Beginn der Gruppenarbeiten für Phase 2 wird ein Rundgang durch die Bereiche vorgenommen und die restlichen Gegenstände im Quarantänebereich werden überprüft. Gegebenenfalls wird über die weitere Vorgehensweise entschieden. Nach dem anschließenden Kurztraining wird wieder sofort mit der Umsetzung begonnen, einen „guten Platz" für die verbliebenen Gegenstände und Arbeitsutensilien zu finden und die Plätze entsprechend zu markieren. Bezüglich Markierungen ist anzumerken, dass es sich in der Praxis bewährt hat, für den persönlichen Schreibtischbereich lediglich Ordner und Ablagefächer zu beschriften.

!

In einigen Bereichen kann es sinnvoll sein, eine eigene Gruppenarbeit zu organisieren, wie in Zukunft komplexe Themen oder schwierige Aufgaben zeitnah bearbeitet werden können. Im Vordergrund steht die Orientierung und Sensibilisierung auf den Kundennutzen und den Kundenservice. Aus der Erfahrung empfehlen wir, interne Servicelevels für wichtige Aufgaben zu definieren und diese abteilungs- und bereichsübergreifend einzuführen.

Das Hauptaugenmerk bei den Beschriftungen wird auf sinnvolle Markierungsplätze und eine sinnvolle Menge an Markierungen gelegt. Bei den Arbeitsbereichen, wo mehrere Personen auf dieselben Arbeitsmaterialien zugreifen und damit arbeiten, wird entsprechend beschriftet. Die Aktivitäten können gut als Gruppenarbeiten aufbereitet werden. Wichtige Fragen, die zu beantworten sind:

- Arbeitsplatzgestaltung: Wie sollen die Arbeitsplätze in den Bürobereichen gestaltet werden? Wie viel Platz wird für Schränke und Regale benötigt und wie sollen diese angeordnet werden? Ist die Verkabelung der Geräte organisiert und entspricht dies auch der Arbeitssicherheit?
- Drucker-, Fax- und Kopierbereiche: Wie ist die Anordnung? Was wird in diesem Arbeitsbereich benötigt?
- Büromaterial: Reicht ein Büromaterialschrank für den gesamten Arbeitsbereich? Wie werden der Nachschub und der Einkauf des Büromaterials derzeit und in Zukunft organisiert?
- Organisation von Mustern: Wie werden diese organisiert? Was wären geeignete Behälter für eine gute Systematisierung? Wie ist der Zyklus zur Aufbewahrung und Entsorgung?
- Was wird für die gute Organisation im jeweiligen Arbeitsbereich benötigt, z. B. Einlagefächer für Schubladen etc.?
- Organisation von Zeitschriften und Fachbüchern: Welche sollen archiviert werden und wie lange? Wie werden die Zeitschriften und Fachbücher gut systematisiert? Gibt es Zeitschriften, welche nicht gelesen werden und deshalb abbestellt werden können?
- Ablagesystem und Archive: Was kann und muss physisch oder elektronisch abgelegt werden?
- Wie sollen E-Mails gut strukturiert werden?
- Welche Prozesse und Themen sollen abteilungsübergreifend und für das gesamte Unternehmen standardisiert werden?

!

Zur Organisation und zum Einkauf von Büromaterialien, speziell in größeren Bereichen, hat sich die Einführung eines Kanban-Systems bewährt. Damit werden sowohl die Verantwortlichkeiten als auch die Mengen und Zeiten zur Wiederbeschaffung eindeutig definiert.

Phase 3 – Sauberkeit

Auch in den Bürobereichen wird eine Grundreinigung des gesamten Arbeitsbereichs vorgenommen. Dabei sollen auch das Archiv, Regale, Computer, Schränke und Schreibtische innen und außen gereinigt werden.

> **!** Die Organisation eines eigenen Termins zur gemeinsamen Grundreinigung als Teamaufgabe ist empfehlenswert. Der Zweck der Grundreinigung besteht nicht nur in der Reinigung selbst, sondern dient auch zur Kontrolle des eigenen Bereichs, z. B. von unerledigten Themen oder nicht benötigten Gegenständen.

Gruppenarbeit:

- Identifiziere den Bedarf für eine Grundreinigung.
- Identifiziere Vorkehrungen, sodass das Reinigungspersonal auch tatsächlich reinigen kann (Stichwort: freie Schreibtischflächen, Fensterbänke und Bodenbereiche).

Phase 4 – Standardisieren

In dieser Phase werden einfache Regeln und Richtlinien erarbeitet und in One-Page-Standards zusammengestellt, welche von allen Mitarbeitern als sinnvoll und nachvollziehbar erachtet werden. Beispielsweise kann die Organisation und Definition des Papiernachschubs im Druckerbereich oder die Verteilung von ankommenden Brief- oder Faxdokumenten an die jeweiligen Personen definiert werden. In den Bürobereichen werden entsprechend denselben Fragestellungen wie im 5S-Umsetzungsmodell in der Produktion One-Page-Standards eingeführt. Manche Unternehmen integrieren in Phase 4 auch die Erarbeitung von Arbeitsstandards in den jeweiligen Arbeitsbereichen.

Phase 5 – Selbstdisziplin

Das 5S-Audit inklusive der Zertifizierung sind zu Beginn dieser Phase die wichtigsten Aktivitäten.

> **!** Eine feierliche Übergabe von Zertifikaten oder Diplomen zur erfolgreichen Einführung von 5S für die jeweilige Abteilung ist ein wichtiger Meilenstein. Sie dient zur Anerkennung der bisherigen Leistung und ermöglicht zudem eine Wiederholung des Gelernten. Eine gemeinsame Veranstaltung oder eine kleine Mahlzeit auch abteilungs- und bereichsübergreifend ermöglicht die Intensivierung des Teamgedankens und fördert die Zusammenarbeit. Die Feierlichkeit kann auch dazu dienen, Gedanken über weitere Verbesserungsmöglichkeiten mit den Mitarbeitern zu teilen.

Auch in den administrativen Bereichen und Dienstleistungsunternehmen stellen 5S-Rundgänge im Nachgang sicher, dass ein hoher Standard an Ordnung und Sauberkeit eingehalten und an kontinuierlicher Verbesserung gearbeitet wird.

> **!** Einige Erfolgskriterien zur Einführung von 5S in den administrativen Bereichen und Dienstleistungsunternehmen sind:
>
> - Unterstützung durch die Geschäftsführung,
> - Auswahl von Pilotbereichen mit hohem Erfolgspotenzial,
> - Einbeziehung aller Mitarbeiter,
> - Zuordnung der Verantwortlichkeiten für 5S zur Linie und somit der jeweiligen Führungskraft,
> - unternehmensspezifische Anpassung des 5S-Konzepts zur Umsetzung,
> - 5S-Rundgänge regelmäßig durchführen.

5S in Verkauf und Vertrieb

Verkauf und Vertrieb sind unternehmenskritische Prozesse. Nirgendwo sonst gewinnt der Kunde einen unmittelbareren Eindruck vom Unternehmen. Die Frage ist, welchen Eindruck das Unternehmen vermitteln möchte. Mit 5S gelingt eine Professionalisierung dieser Prozesse und des Außenauftritts. Mögliche Ansatzpunkte für 5S sind Ordnung und Sauberkeit

- der Sales- und Marketingunterlagen,
- der Autoflotte,
- der Produktmuster und Proben,
- der Showrooms,
- der Webseiten.

Jedoch auch in After Sales und Kundenservicebereichen gewinnt der Kunde Einblicke in das Unternehmen. In diesen Bereichen ist ein professionelles Auftreten mit schnellen Antwortzeiten häufig der Schlüssel für weitere Geschäftsbeziehungen mit den Kunden. Deshalb wird bei der 5S-Einführung in diesen Bereichen auf den Abgleich der Erwartungshaltungen in Bezug auf die Kunden fokussiert. Im Anschluss werden Standards erstellt und eingeführt.

5S in produktionsähnlichen administrativen Prozessen

Eine interessante Erkenntnis aus dem Praxisbeispiel 2 ist, dass für einige Arbeitsbereiche eine Kombination aus beiden 5S-Umsetzungsmodellen – administrative Bereiche und Produktion – benötigt wurde. Beispiel hierfür ist die Qualitätssicherung. Sie besteht aus mehreren organisatorischen Einheiten, wie Labor, Zwischenprüfung, Rohwarenmanagement, Lebensmittelsicherheit und Lebensmittelrecht. Das Labor und das Rohmanagement verwendeten das 5S-Umsetzungsmodell aus der Produktion zur Einführung, die anderen Arbeitsbereiche das 5S-Umsetzungsmodell für administrative Bereiche.

In Bezug auf die Einführung von One-Page-Standards wurde eine Lösung ähnlich einem Patensystem für einzelne Gerätschaften, Räume und Schränke erarbeitet, die auch Regeln zur Reinigung beinhalten. In den Büros wurden ein zentraler Büromaterialschrank und eine allgemeine Bibliothek mit Fachbüchern und Zeitschriften eingerichtet. Abschließend ist festzuhalten, dass die Qualitätssicherung eine Best-Practice-Abteilung für 5S wurde und eine wichtige Vorreiterfunktion für den Roll-out der weiteren administrativen Bereiche darstellte. Ein wichtiges und positives Element war, dass während der Einführung von 5S die Bedenken beseitigt und Widerstände aufgelöst werden konnten.

5S-Einführung als Unterstützung von New-Work-Konzepten

New-Work-Konzepte beschäftigen sich mit der Zukunft der Arbeit und wurden in den letzten Jahren immer mehr verbreitet.

Aufgrund der Marktänderungen, wie z. B. disruptive Geschäftsmodelle, Globalisierung und Digitalisierung, wurde und wird die Änderung der Arbeitsumgebung unvermeidbar. Durch die Einführung agiler Arbeitsmethoden sind flexibler gestaltbare Arbeitsumgebungen entstanden und unvermeidlich. Dies speziell in den administrativen Bereichen und Dienstleistungsunternehmen. Dadurch verändern sich die Anforderungen an eine Arbeitsumgebung und auch die Werte in Bezug auf die Arbeit, die sich vorwiegend auf Selbstbestimmtheit, Flexibilität und kreative Arbeitsumgebung (inspiring working conditions, kreativer Workspace) fokussiert.

Diesbezüglich hat 5S sehr viel zu bieten. Die neue Arbeitsumgebung sieht z. B. freie Büroarbeitsplätze vor, d. h., diese sind nicht mehr fix zugewiesen. Häufig werden Ablageflächen auf ein Minimum reduziert, wie z. B. einen Rollkasten pro Mitarbeiter und definierte Ablageflächen für Teams. Auf der anderen Seite wird Platz geschaffen zum vernetzten Arbeiten in Teams, für Kreativräume und offene Begegnungsflächen.

Eine gute Unterstützung für diese Form der Arbeit bietet das 5S-Umsetzungsmodell für administrative Bereiche und Dienstleistungsunternehmen. Es kann die Minimierung der geforderten Arbeitsmaterialien unterstützen und auch die geforderte Struktur in digitalen Bereichen wie E-Mail- und Dateiablage verstärken.

10 Mit 5S – die Reise zu Lean Management

WORUM GEHT ES?

5S ist als ein wichtiger Teil der Produktions- und Qualitätskonzepte in den 1960er- und 1970er-Jahren insbesondere im Zuge von Lean Management entwickelt und verbreitet worden. Wer 5S einführt, wird erfahren, dass es nicht nur Ergebnisse in Bezug auf Ordnung und Sauberkeit bringt, sondern auch ein Katalysator für andere wichtige Themen ist. Beispiele sind die Fehlervermeidung, die Prozessstandardisierung, die Reduktion von Lagerbeständen, die Reduktion von Verschwendung, höhere Standards für Arbeitssicherheit und die Kultur für ständige Verbesserungen.

Das Konzept des Lean Managements beruht zum überwiegenden Teil auf dem Organisations- und Produktionssystem von Toyota. Im Fokus stehen im Wesentlichen zwei Themen (Ohno 1982, 1988):

- Der Produktionsprozess – der Ort der eigentlichen Wertschöpfung – steht im Mittelpunkt der Betrachtung. Daraus folgt eine unterschiedliche Anschauung von fertigungstechnischen und arbeitsablaufbezogenen Strukturen.
- Ein gesamtheitliches Managementkonzept ergänzt und bettet den Produktionsprozess in den Wertschöpfungsprozess optimal ein.

Im Lean Management gibt es folgende Unterschiede zu herkömmlichen Systemen für Produktion und Management (Kamiske/Brauer 2020):

- Die Produktion als zentraler Ort der Wertschöpfung und des Gewinns,

- Identifizierung und Eliminierung der sieben Arten der Verschwendung, die in jedem Unternehmen auftreten,
- Ausrichtung des Unternehmens an den Kundenanforderungen, die das Qualitätsniveau definieren,
- Qualitätszirkel auf allen Ebenen des Unternehmens,
- Mehrfachqualifikation bei allen Mitarbeitern,
- Poka Yoke zur nachhaltigen Vermeidung von Fehlern durch entsprechende Vorkehrungen,
- JIT (just in time) und Kanban zur Reduzierung der Bestände und Durchlaufzeiten,
- Total Productive Maintenance als Instandhaltungskonzept, bei dem der Maschinenbediener weitreichende Aufgaben übernimmt, um Maschinenausfällen vorzubeugen.

WAS BRINGT ES?

Nach einer erfolgreichen Einführung von 5S kann mit weiteren Lean-Management-Konzepten begonnen werden. 5S bietet darüber hinaus eine Möglichkeit, grundlegende Veränderungen durchzusetzen, weil das Konzept sich auch stark mit den Mitarbeitern, deren Einbeziehung, Arbeitsweise und Organisation beschäftigt. Dies ist für die Einführung von Lean sehr wichtig. Letztendlich können dadurch die Kultur und Leistung eines Unternehmens nachhaltig beeinflusst und entwickelt werden.

WIE GEHE ICH VOR?

Spätestens zum Abschluss einer erfolgreichen 5S-Einführung sollten folgende Fragen gestellt werden:

- Wie können wir Verschwendung und Fehler nachhaltig vermeiden?
- Wie können wir komplexe Prozesse analysieren und nachhaltig verbessern?
- Wie sehen grundsätzlich ideale Arbeitsabläufe im Unternehmen aus?

- Wie können wir einen stetigen Fluss von Rohwaren, Komponenten, Halbfertig- und Endprodukten in unseren Produktions- und Logistikbereichen erreichen?
- Wie entwickeln wir eine Kultur für kontinuierliche Verbesserung?

Hier bietet Lean Management mit seinen umfangreichen Baukästen von Konzepten und Werkzeugen mehrfache Lösungen an.

Viele, meist große Industrieunternehmen haben in Anlehnung an das Toyota-Produktionssystem (TPS) unter Berücksichtigung der strategischen Ziele ein auf das eigene Unternehmen zugeschnittenes Modell entwickelt, wie beispielsweise Mercedes das MPS, Porsche das PPS, Bosch das BPS und Fischer das FPS. Die meisten Produktionssysteme beinhalten eine Auswahl der Werkzeuge und Konzepte, die im Lean-Haus in Bild 36 beschrieben sind. Ein Produktionssystem beschreibt das Regelwerk und die eingesetzten Werkzeuge, nach denen die Prozesse in einem produzierenden Unternehmen geordnet werden. Es geht dabei um einen ganzheitlichen Ansatz: Nicht Teilbereiche werden optimiert, sondern alle Organisationseinheiten im Zusammenspiel. Beispielsweise hat das Bosch-Produktionssystem, wie die meisten dieser Systeme, höchste Effizienz mit möglichst geringem Aufwand zum Ziel.

! Nicht nur große Industriekonzerne können von einem dokumentierten Produktionssystem profitieren. Auch bei kleinen und mittleren Unternehmen, die sich mit Lean Management befassen, ist es hilfreich, das Rahmenwerk, die Denkweise, Ziele und die wichtigsten Werkzeuge in einem Produktionssystem zu beschreiben.

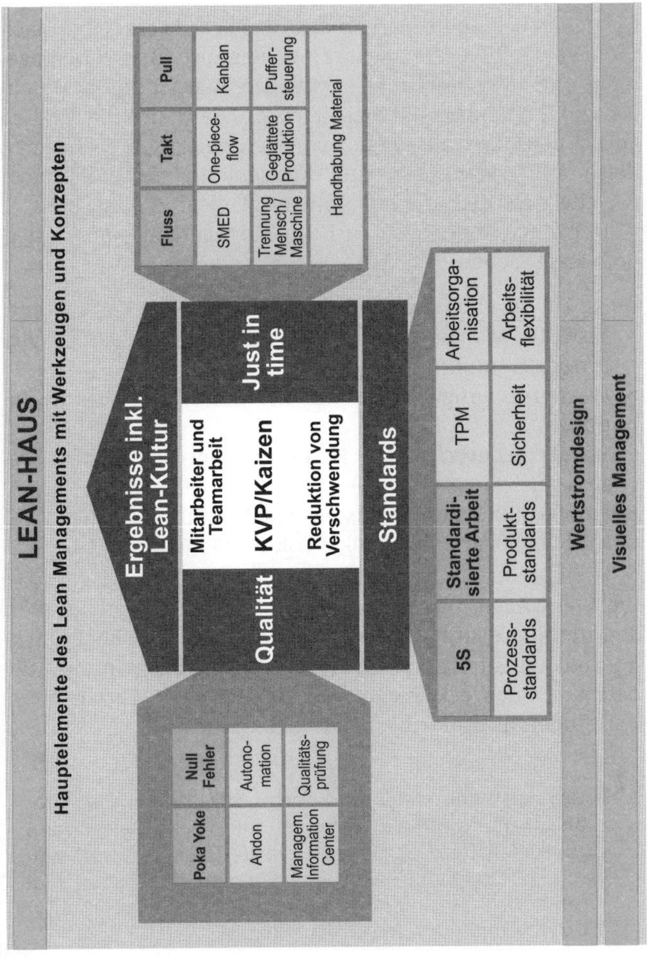

Bild 36: Lean-Haus: Die dunkelgelben Felder sind ausgewählte Werkzeuge und Konzepte für Lean-Management-Einsteiger

Grundsätzlich sollte der Einsatz weiterer Werkzeuge nach 5S so gewählt werden, dass die Weiterreise für das Management und alle Mitarbeiter nachvollziehbar ist und rasch ein Gesamtverständnis entwickelt wird. Die Bausteine sind so zu wählen, dass ausgehend von den gelernten 5S-Themen diese mit Werkzeugen und Konzepten des Lean-Hauses erweitert werden und der Schwierigkeitsgrad dabei steigt.

Der Start einer Reise zu Lean Management könnte deshalb so aussehen:

- 5S: Fokus auf Ordnung und Sauberkeit.
- Visuelles Management: Fokus auf Sichtbarmachung von Prozessen und Informationen.
- Wertstromdesign: Fokus auf Reduktion von Verschwendung.
- Standardisierte Arbeit: Fokus auf wertschöpfende Prozesse.
- Flow – Takt – Pull: Fokus auf just in time.
- Null Fehler und Poka Yoke: Fokus auf Qualität.

Die Werkzeuge und Konzepte von Lean Management werden umfangreich in ausgewählten Büchern, Fachzeitschriften und im Internet erläutert. Weiterführende Informationen zu Lean-Werkzeugen inkl. dem Thema Wertstromdesign finden Sie unter http://www.5s-lab.de.

> **!** Um sich einen ersten und doch umfassenden Überblick über weitere mögliche Themen von Lean Management zu verschaffen, eignet sich die Vergabe von studentischen Abschlussarbeiten. Sie können die Theorie einschließlich der Literatur sowie Praxiselemente, z. B. in Form eines Benchmarkings, enthalten.

Die Reise

Taiichi Ohno (1982), der Erfinder des Toyota-Produktionssystems, hat gesagt: „Alles, was wir tun, ist, die Zeit zwischen dem Auftragseingang durch den Kunden bis zu dem Moment, wenn die Rechnung bezahlt wird, zu betrachten. Und während dieser Zeitspanne entfernen wir nachhaltig nicht wertschöpfende Tätigkeiten."

5S hat sich in der Praxis als eigenständiges Konzept bewährt. Nach der Einführung erhält das Unternehmen sichtbar saubere und organisierte Arbeitsbereiche, in denen alle Werkzeuge, Arbeitsutensilien und unfertigen Erzeugnisse einen definierten und nachvollziehbaren Platz haben. Dadurch entstehen viele direkte Ergebnisse: einheitliche Ordnung und Standardisierung, gute Übersicht und Transparenz, verfügbare Flächen, sorgsamer Umgang mit Werkzeugen und Ausstattung, erhöhte Produktivität und Motivation. Auch viele indirekte Ergebnisse, wie z. B. die Reduktion von Komplexität oder die Einführung von Strukturen, werden durch 5S erreicht.

Des Weiteren hat sich 5S als ein idealer Start für die Entwicklung und Umsetzung einer unternehmensweiten Strategie der kontinuierlichen Verbesserung etabliert. Die Auseinandersetzung mit weiteren Werkzeugen und Konzepten, insbesondere mit dem Entwurf und der Einführung eines eigenen Produktionssystems nach dem Toyota-Vorbild, unterstützt die notwendigen Strukturen für die Einführung. Zusammengefasst ist 5S relativ einfach umzusetzen und bringt viele sichtbare und nachhaltige Verbesserungen. Nach einer erfolgreichen 5S-Einführung empfehlen wir die Weiterreise mit Werkzeugen und Konzepten des Lean Managements.

11 5S in der digitalen Welt

WORUM GEHT ES?

Industrie 4.0 und Digitalisierung sind heutzutage fester Bestandteil von Unternehmensstrategien und operativen Themen, da sie unter anderem Unternehmen befähigen, die Vorteile digitaler Lösungen zu nutzen und die Grenzen der Produktivität weiter nach oben zu verschieben (Bild 37). Zur erfolgreichen Umsetzung von Digitalisierungsprojekten, vor allem in der Produktion, sind stabile und robuste Prozesse Grundvoraussetzung.

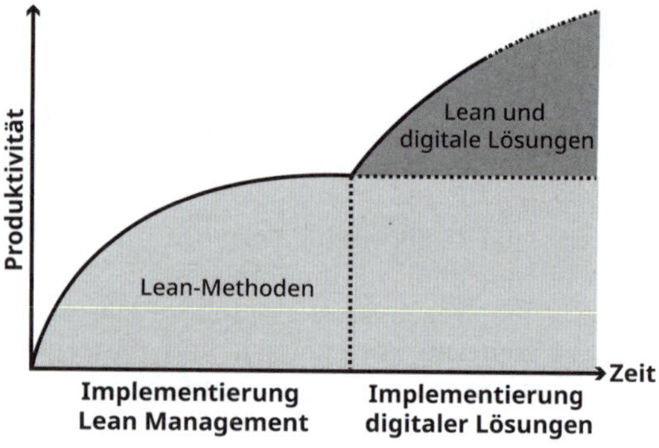

Bild 37: Schematische Darstellung des Verbesserungspotenzials durch Nutzung von Lean und Digitalisierung im Zusammenspiel (in Anlehnung an Prinz/Kreggenfeld/Kuhlenkötter 2018)

Ein „schlechter Prozess“, der digitalisiert wird, ist danach ein „digitaler schlechter Prozess“. Digitalisierte und automatisierte Verschwendung ist im Nachgang nur sehr schwer zu beseitigen. Daher gilt es, vorab die richtigen Rahmenbedingungen zur schaffen. 5S bildet hierfür eine gute Basis. Digitalisierung selbst vermeidet keine Verschwendung, es ermöglicht allerdings die Beschleunigung und Automatisierung wertschöpfender Prozesse und somit eine Steigerung der Produktivität über die Grenzen von Lean hinaus.

5S kann unterstützend zur Standardisierung von Prozessen sowie zur Erhöhung der Transparenz eingesetzt werden. Des Weiteren hilft 5S auch, ein gutes Niveau an Ordnung und Sauberkeit in digitalen Bereichen zu erhalten. Ebenso bietet es Ansätze zur Schaffung von guten Strukturen im Dateien- und Softwaremanagement.

11.1 Dateienmanagement

Hand in Hand mit der Digitalisierung von Geschäftsprozessen gehen die immer größer werdenden Mengen an Dateien, die es zu verwalten gilt. Fehlende Ordnung in der Dateiablage führt oftmals zu langen Suchzeiten und der Gefahr von Falschinformationen und Blindarbeit durch Nutzung alter Dateiversionen sowie dem Verlust von Bearbeitungsständen.

Mittels 5S-Umsetzungsmodell in administrativen Bereichen kann Ordnung im Dateienmanagement sowohl am eigenen Rechner als auch auf Servern geschaffen werden. Dabei hat sich folgende an die fünf Phasen angepasste Vorgehensweise bewährt:

Phase 1 – Sortieren

- Dateien hinsichtlich Alter, Version und Nutzung prüfen und sortieren.
- Veraltete und nicht genutzte Dateien löschen oder gegebenenfalls extern speichern.

Phase 2-4 - Systematisieren, Sauberkeit und Standardisieren

- Standard für Ordnerstruktur sowie Benennung von Ordner und Dateien definieren.
- Dateien in der neuen Struktur ablegen.
- Standards dokumentieren und regelmäßig kommunizieren.

Phase 5 – Selbstdisziplin

- Regelmäßiger Erfahrungsaustausch und Verbesserungen, z. B. durch Workshops.

> **!**
>
> Für die Ablage der Dateien in den neuen gemeinsamen Ordnerstrukturen empfiehlt sich eine der beiden folgenden Vorgehensweisen:
>
> 1. Einmaliges Vorgehen: Dabei wird ein Verantwortlicher für jeden einzelnen Ordner definiert.
> 2. Schrittweises Vorgehen: Dabei wird für eine definierte Zeit eine parallele Struktur erstellt und nacheinander bei Nutzung einer Datei in diesen neuen Ordner verschoben.

11.2 Softwaremanagement

Unternehmen stehen heutzutage immer mehr vor der Herausforderung, standort- und länderübergreifende Wertschöpfungsketten zu beherrschen. Die Integration, Konsolidierung, Bereinigung und Standardisierung von Infrastrukturen ist daher ein wesentlicher Basisbestandteil eines modernen IT-Managements. Damit die Digitalisierungsinitiativen erfolgreich umgesetzt werden können, benötigt es als Basis die Schaffung von Transparenz, um die geforderte Ordnung sicherzustellen und die oft in den IT-Strukturen vorherrschende Komplexität zu reduzieren.

Hierzu empfiehlt das Autorenteam, angelehnt an das 5S-Umsetzungsmodell, die im Unternehmen vorhandenen IT-Applikationen zu sortieren, um eine strukturierte Bereinigung des Portfolios vornehmen zu können. Folgendes Vorgehen hat sich für Phase 1 – Sortieren – bewährt:

1. Wertschöpfungskette inklusive Geschäftsfunktionen darstellen.
2. IT-Programme und -Applikationen den Prozessen innerhalb der Wertschöpfungskette zuordnen (bei Bedarf je Organisationseinheit oder Standort).
3. Das Ergebnis der ersten beiden Punkte um Informationen und Daten, die sie für die Bereinigung der IT-Landschaft benötigen, wie z. B. Kosten, Versionen etc., erweitern.

Darauf basierend lassen sich sehr gut konkrete Veränderungen und Maßnahmen identifizieren und durchführen.

11.3 Elektromüll

Die zunehmende Digitalisierung in unserem Leben führt auch zu immer kürzer werdenden Lebenszyklen der hierfür genutzten Geräte, wie z. B. Computer, Drucker und Smartphones. Entsprechend nimmt der Elektromüll in Unternehmen sowie im privaten Umfeld kontinuierlich zu. Eindrücklich ist dies oft in IT-Abteilungen erkennbar, in denen aus unterschiedlichen Gründen meist alte Kabel, Bildschirme, Leiterplatten, Speichermedien etc. gesammelt werden.

Zur Behebung dieser Herausforderung kann das 5S-Umsetzungsmodell eingesetzt werden. Hierbei sollten folgende Punkte in der Vorgehensweise berücksichtigt werden:

- Geräte und Zubehör hinsichtlich Stand der Technik und Funktionsfähigkeit prüfen.

- Aktuellen Bedarf an Geräten bzw. Zubehör im Unternehmen erheben und analysieren.
- Geräte und Zubehör fachgerecht entsorgen.

> **!** Es gibt auch die Möglichkeit, alte IT-Geräte und Zubehör an Hilfsorganisationen zu verschenken und diese somit einem guten Zweck zukommen zu lassen.

11.4 Industrie 4.0

Der Begriff Industrie 4.0 wird seit 2011 in Deutschland genutzt, um die intelligente Vernetzung von Maschinen und Prozessen in der Industrie mithilfe von Informations- und Kommunikationstechnologie zu beschreiben.

Unsere Erfahrung zeigt, dass Unternehmen, die sich strategisch und operativ aktiv mit Industrie 4.0 auseinandersetzen, in der Regel auch ein sehr hohes Niveau an Ordnung und Sauberkeit in den Prozessen und Arbeitsbereichen aufweisen. Einige Unternehmen benutzen 5S zur Unterstützung ihrer Industrie-4.0- und Digitalisierungsinitiativen. Ein gutes Beispiel hierfür ist die NorDan Gruppen AS mit ihrer *ecoDigital Ready*™-Strategie (Bild 38).

Die Autoren dieses Buches haben breite internationale Erfahrung mit Industrie 4.0 als Berater und Geschäftsführer gesammelt. In den Projekten wurden oft die Reifegrade einzelner Werke in Industriegruppen erhoben. Hierbei hat sich gezeigt, dass Industrie 4.0 viele Vorteile und Möglichkeiten vor allem in der Produktion bietet. Die für stabile und robuste Produktion notwendigen Standards konnte Industrie 4.0 allein jedoch nicht schaffen. Produktionsstandorte mit hohem Reifegrad konnten durch die praktische und konsequente Umsetzung von 5S die notwendigen Standards vorzeigen.

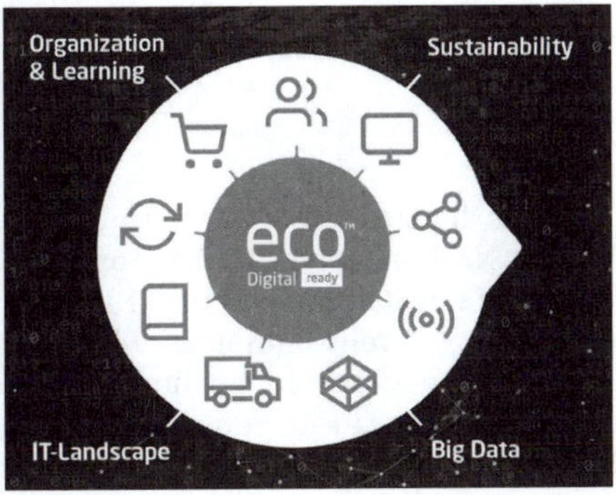

Bild 38: *ecoDigital Ready™*-Strategie der NorDan Gruppen AS.

!

Digitalisierung und Industrie 4.0 haben zunehmend in Führungsetagen einen immer höheren Stellenwert. Der digitale Wandel hat auch weiterführende Auswirkungen, da er jeden Mitarbeiter betrifft und den Alltag stark verändert. Ebenso verhält es sich mit dem Thema Nachhaltigkeit, das sowohl für Unternehmen als auch die Gesellschaft immer mehr an Bedeutung gewinnt.
Interessanterweise lassen sich die Kombination von Digitalisierung und Nachhaltigkeit hervorragend in einer gemeinsamen Strategie umsetzen. Ein praktisches Beispiel ist die *ecoDigital Ready™*-Strategie der NorDan Gruppen AS.

12 5S im Nachhaltigkeitsmanagement

WORUM GEHT ES

Immer mehr Unternehmen integrieren in ihrer Unternehmensstrategie das Thema Nachhaltigkeit. Hierbei orientieren sich viele an der Agenda 2030 der Vereinten Nationen (https://sdg-portal.de, Bild 39). Bereits laufende wie auch zukünftige 5S-Initiativen lassen sich sehr gut im Rahmen der entwickelten Nachhaltigkeitsstrategie verankern.

5S unterstützt die Gestaltung von Arbeitsumgebungen. Wichtiges Element hiervon sind systematisierte, aufgeräumte und saubere Arbeitsplätze, an denen nur das Notwendige benutzt, gepflegt und instandgehalten wird. Maschinenleckagen durch undichte Leitungen, Wartungsbedarf an Werkzeugen und beschädigte Gegenstände werden schnell und nachhaltig beseitigt, um Ausschuss zu vermeiden sowie die Lebensdauer der Werkzeuge, Maschinen und Gebäude zu verlängern. Die durch 5S geschaffene Ordnung und Sauberkeit an den Arbeitsplätzen leistet ebenfalls einen bedeutenden Beitrag zur Arbeitssicherheit sowie dem Umweltschutz.

! In Krisenzeiten, wie beispielsweise der Corona-Pandemie, ist es für Unternehmen sehr hilfreich, eine systematische Arbeitsweise zu haben. Durch 5S sind Mitarbeiter aufgeräumte und saubere Arbeitsbereiche mit eindeutigen Markierungen und Standards gewöhnt und respektieren diese. Die Visualisierung des Sicherheitsabstands oder der Nutzung von Sicherheits- und Schutzausrüstung wird dadurch schneller von den Mitarbeitern verstanden und im täglichen Ablauf umgesetzt.

Bild 39: Die 17 Ziele für nachhaltige Entwicklung – Agenda 2030 der Vereinten Nationen (https://sdg-portal.de).

12.1 Beitrag zur Arbeitssicherheit

Die durch 5S aufgeräumten und sauberen Arbeitsbereiche sowie die eindeutige Anordnung und Aufbewahrung von Werkzeugen erhöhen die Arbeitssicherheit. Das Risiko für Personenschäden durch Stolpern, Ausrutschen etc. wird reduziert, da weder Müll noch Gegenstände herumliegen bzw. Leckagen von Öl und Chemikalien schnell entdeckt werden.

Das Thema Arbeitssicherheit kann speziell in Phase 4 – Standardisieren – eingebunden werden. Informationen zu persönlichen Schutzausrüstungen oder Ähnliches können sehr gut in die 5S-One-Page-Standards bzw. Checklisten integriert werden. Bild 40 zeigt eine Checkliste, die Mitarbeiter vor Beginn der Arbeit am Arbeitsplatz durchgehen müssen, um die Arbeitssicherheit und höchste Qualität sicherzustellen.

Control of Basics
Selbstkontrolle

ESH – Gesundheit und Sicherheit gehen vor
- ❑ Persönliche Schutzausrüstungen angelegt (z.B. Sicherheitsschuhe, Gehörschutz, Helm)
- ❑ Flucht-, Geh- und Fahrwege frei zugänglich
- ❑ Sicherheitsschutzfunktionen nicht manipuliert oder außer Betrieb
- ❑ Eigenes Sicherheitsrisiko bekannt

ESD – die unsichtbare Gefahr
- ❑ ESD-Präventivmaßnahmen (ESD-Schuhe, Kleidung mit ESD-Kennzeichen) befolgt
- ❑ Durchgang durch ESD-Schranke nur mit positivem Ergebnis

5S – Basis für Qualität und Verbesserungen
- ❑ Arbeitsumgebung sauber und Arbeitsplatz / Vorrichtungen frei von Verschmutzung (Fingerprobe)
- ❑ Persönliche Gegenstände nur am vorgesehenen Platz

Prozesse und Standards – Qualität sicherstellen
- ❑ Dekorative Anforderungen für Arbeitsinhalte bekannt
- ❑ Qualitätsrisiken im Arbeitsbereich bekannt
- ❑ Leistungziele und Soll-Ist-Werte bekannt
- ❑ Verbesserungsideen angesprochen

Standardarbeit – Best Practice folgen
- ❑ Arbeitsanweisung bekannt und befolgt

OPERATIONAL EXCELLENCE LIGHTING HELLA

Bild 40: Integration von arbeitssicherheitsrelevanten Aspekten in einer Checkliste zur Selbstkontrolle (Quelle: HELLA GmbH & Co. KGaA)

Zur Unterstützung der Erfassung des Inhalts können auch Visualisierungen in Form von Fotos und Illustrationen genutzt werden. Große Informationstafeln mit visualisierter Schutzausrüstung vor einem Arbeitsbereich bzw. einer Abteilung beispielsweise helfen, das Thema eindrücklich zu kommunizieren (Bild 41).

> **!** In bestimmten Bereichen und Branchen, wie z. B. in der Lebensmittel- und Pharmaindustrie, Gastronomie, Medizin etc., sind Hygiene- und Zertifizierungsvorgaben sowie Gefahrenanalysen obligatorisch, wie z. B. HACCP, ISO-Zertifizierungen, IFS etc.

Ein gutes Niveau an 5S kann die Hygienevorgaben und Zertifizierungsanforderungen entsprechend unterstützen und die von den Zertifizierungen geforderten kontinuierlichen Verbesserungen visualisieren.

Bild 41: Beispiel einer Informationstafel mit visualisierter Schutzausrüstung

12.2 Beitrag zum Umweltschutz

Umweltschutz hat für viele Unternehmen einen hohen Stellenwert, unter anderem steht die Reduktion von Luftverschmutzung und Stromverbrauch im Fokus.

Zwei konkrete Beispiele für den unterstützenden Einsatz von 5S im Bereich Umweltschutz sind das rechtzeitige Entdecken von Leckagen zur Verhinderung der Kontamination des Untergrunds mit Chemikalien und Ölen sowie die Reduzierung des Stromverbrauchs durch die Identifikation und Beseitigung von Leckagen in Druckluftleitungen. Laut IHK

Nürnberg für Mittelfranken 2012 stellen Leckagen in Druckluftleitungen für viele Produktionsunternehmen ein sehr großes Einsparpotenzial im Energieverbrauch dar.

In Phase 3 – Sauberkeit – von 5S werden die Arbeitsbereiche gereinigt und beschädigte Gegenstände repariert. Dies gilt für sämtliche Werkzeuge, Maschinen, Arbeitsbänke, Wände, Böden, Decken, Beleuchtungen, Druckluftschläuche und elektrische Anlagen. In Phase 5 – Selbstdisziplin – erfolgt die regelmäßige Kontrolle und Reinigung. Leckagen der Druckluftleitungen, von Öl oder Chemikalien werden somit früh entdeckt und repariert. Zusätzlich können Sicherheitswannen unter Maschinen oder Behältern mit Öl und Chemikalien installiert werden.

! Anstatt der Nutzung von kleinen Behältern und Kanistern können IBC-Container mit Pumpsystem an unkritischen Stellen aufgestellt und genutzt werden.

Es empfiehlt sich auch, eine entsprechende Ordnung und Sauberkeit beim Reinigungsequipment sicherzustellen. Einerseits hilft es bei der Bestandsführung der Reinigungsmittel, und andererseits werden durch das Vorhalten der „richtigen" Reinigungsmittel die Reinigungszeiten verkürzt. Bild 42 zeigt ein sehr gut sortiertes „Erste Hilfe"-Reinigungsequipment zur Beseitigung von Ölflecken und anderen Arten von Leckagen.

Bild 42: „Erste Hilfe“-Reinigungsequipment der RAW Handel und Beratungs GmbH

12.3 Beitrag zur Ertragssteigerung

Für alle Manager und Führungskräfte stellt sich letztendlich die Frage des Beitrags von 5S zur Ertragssteigerung und Kostensenkung. Diese wichtige Frage lässt sich unserer Erfahrung nach nicht pauschal beantworten, kann aber bejaht werden.

Erstmals entstehen Investitionen für die 5S-Umsetzung zur Erreichung eines hohen Niveaus an Ordnung und Sauberkeit. Die erfolgreiche Umsetzung der Phase 5 – Selbstdisziplin – sowie der kontinuierlichen Verbesserung von Ordnung und Sauberkeit führt zu Produktivitätssteigerungen und Kostensenkungen. Dies ist auf die dadurch entstehenden positiven Feedback-Schleifen im Unternehmen zurückzuführen.

> **!** Notwendige Einmalinvestitionen im Rahmen der 5S-Umsetzung zur Erreichung der richtigen Standards sind aus Erfahrung der Autoren im Normalfall schnell amortisiert.

Ebenso sind die Leistung und Motivation der Mitarbeiter in Abteilungen mit erfolgreicher 5S-Umsetzung aufgrund der intensiven Involvierung stärker. Dies führt ebenfalls zu höherer Produktivität, die sich wiederum positiv auf den Ertrag des Unternehmens auswirkt.

In erfolgreichen Einführungen von 5S zeigt sich normalerweise eine Verbesserung des Gesamtsystems und des Unternehmens.

Wir wünschen Ihnen eine spannende und erfolgreiche praktische Umsetzung von 5S in Ihrem Unternehmen!

Literatur

Al-Radhi, M.; Malorny, C.: *Total Productive Management*. Hanser, München 2002

Doppler, K.; Lauterburg, C.: *Change Management*. Campus, Frankfurt am Main 2014

Fabrizio, T.; Tapping, D.: *5S for the Office. Organizing the Workplace to Eliminate Waste*. Productivity Press, Boca Raton 2006

FRUTAROM Savory Solutions Austria GmbH (2020): *Corporate Website*. Hardfacts. Online: http://www.wiberg.eu, Abfragedatum: 04.05.2020

Füermann, T.; Dammasch, C.: *Prozessmanagement*. Hanser, München 2008

Gapp, R.; Fisher, R.; Kobayashi, K.: „Implementing 5S within a Japanese context: an integrated management system". *Management Decision* Vol. 46, Nr. 4, 2008, S. 565–579

Göppel, R.: *Lean Office: Prinzipien des Lean Management in Bürobereichen*. Steinbeis-Transferzentrum Managementsysteme, http://www.tms-ulm.de, 2011

Gorecki, P.; Pautsch, P.: *Lean Management*. Hanser, München 2018

Hartmann, E. H.: *Effiziente Instandhaltung und Maschinenmanagement*. Redline, München 2007

Hirano, H.: *5S for Operators. 5 Pillars of the Visual Workplace*. Productivity Press, Boca Raton 1998

Hummel, T.; Malorny, C.: *Total Quality Management*. Hanser, München 2011

IHK Nürnberg für Mittelfranken: *Druckluft effizient nutzen – Praxisleitfaden für Energieeffizienz und Kosteneinsparung*. Nürnberg 2012

Imai, M.: *Kaizen. Der Schlüssel zum Erfolg im Wettbewerb*. Econ, Berlin 2001

Imai, M.: *Kaizen. The Key to Japan's Competitive Success.* The KAIZEN Institute, 1986

Japan Human Relations Association: *CIP-Kaizen-KVP.* Productivity Press, Boca Raton 1994

Kamiske, G. F.; Brauer, J.-P.: *ABC des Qualitätsmanagements.* Hanser, München 2020

Kondo, M.: *Magic Cleaning.* Rowohlt, Hamburg 2013

Kostka, C.; Kostka, S.: *Der Kontinuierliche Verbesserungsprozess.* Hanser, München 2018

Kostka, C.: *Change Management.* Hanser, München 2017

Kroslid, D. et al.: *Six Sigma.* Hanser, München 2003

Kroslid, D.; Gorzel, F.; Ohnesorge, D.: „5S". In: Kamiske, G. F. (Hrsg.): *Handbuch QM-Methoden. Die richtige Methode auswählen und erfolgreich umsetzen.* Hanser, München 2015

Kübler-Ross, E.: *On Death and Dying.* Scribner, New York 1969

Lang, M.; Wagner, R.: *Das Change Management Workbook: Veränderungen im Unternehmen erfolgreich gestalten.* Hanser, München 2020

Liker, J.: *The Toyota Way.* McGraw-Hill, New York 2004

Lindner, A.; Becker, P.: *Wertstromdesign.* Hanser, München 2018

Magnusson, K.; Kroslid, D.; Bergman, B.: *Six Sigma umsetzen. Die neue Qualitätsstrategie für Unternehmen.* Hanser, München 2004

Malorny, C.; Langner, M. A.: *Moderationstechniken.* Hanser, München 2007

Ohnesorge, D.; Kroslid, D.; Pohl. J.: *Der 5S-Navigator.* Hanser, München 2021

Ohno, T.: *Toyota Production System. Beyond Large Scale Production.* Productivity Press, Boca Raton 1988

Ohno, T.: *Workplace Management.* Productivity Press, Boca Raton 1982

Osada, T.: *The 5S's: Five Keys to a Total Quality Environment.* Asian Productivity Organization, Tokyo 1991

Panskus, G.; Thieme, F.: *Das deutsche 5S-Arbeitsbuch.* Panskus, Wuppertal 2007

Peterson, J.; Smith, R.: *The 5S Pocket Guide.* Productivity Press, Boca Raton 1998

Prinz, C.; Kreggenfeld, N.; Kuhlenkötter, B.: *Lean meets Industrie 4.0 – a practical approach to interlink the method world and cyber-physical world.* Elsevier, Amsterdam 2018.

Rother, M.: *Die Kata des Weltmarktführers. Toyotas Erfolgsmethoden.* Campus, Frankfurt am Main 2013

Schwarz, T.; Lindner, A. M.: *KATA. Innovation zur täglichen Gewohnheit machen.* Hanser, München 2021

Sobek, D. K.; Smalley, A.: *Understanding A3 Thinking: A Critical Component of Toyota's PDCA Management System.* Productivity Press, Boca Raton 2008

Sommerhoff, B.: *EFQM zur Organisationsentwicklung.* Hanser, München 2018

Suzaki, K.: *Modernes Management im Produktionsbetrieb.* Hanser, München 2002

Westkämper, E. et al.: *Lean Office 2010. Erfolgsfaktoren der Lean-Implementierung in indirekten Unternehmensbereichen.* Fraunhofer IPA und Fraunhofer Austria, 2010

Winkler, C.: *5S in der Praxis – Einführung am Beispiel der Firma WIBERG unter Berücksichtigung der LEAN Management Philosophie und Vergleich anhand eines Benchmarking.* Fachhochschule Regensburg, 2010